计算机科学丛书

MATLAB
程序设计导论

[美] 尤金尼·E. 米哈伊洛夫（Eugeniy E. Mikhailov） 著

于俊伟 刘楠 译

Programming with MATLAB for Scientists
A Beginner's Introduction

机械工业出版社
China Machine Press

图书在版编目（CIP）数据

MATLAB 程序设计导论 /（美）尤金尼·E. 米哈伊洛夫（Eugeniy E. Mikhailov）著；于俊伟，刘楠译 . —北京：机械工业出版社，2019.6
（计算机科学丛书）
书名原文：Programming with MATLAB for Scientists：A Beginner's Introduction

ISBN 978-7-111-62598-8

I. M⋯　II. ①尤⋯　②于⋯　③刘⋯　III. Matlab 软件 – 程序设计　IV. TP317

中国版本图书馆 CIP 数据核字（2019）第 080036 号

本书版权登记号：图字　01-2018-6839

本书意在教你学会使用 MATLAB 语言及应知应会的数学和物理知识快速解决科学研究和工程技术中的实际问题。全书共分为三部分：第一部分介绍了 MATLAB 基础、计算历史、编程语言及良好的编程实践；第二部分系统地讲解了如何应用 MATLAB 解决日常问题，主要涉及解线性代数方程组、拟合和数据约简、数值导数、数值积分方法等；第三部分则是关于 MATLAB 的深入研究和扩展，介绍了一些实用的工具箱，如随机数生成器和随机过程、蒙特卡罗仿真、优化问题和常微分方程。

出版发行：机械工业出版社（北京市西城区百万庄大街 22 号　邮政编码：100037）
责任编辑：赵亮宇　　　　　　　　　　　　　责任校对：殷　虹
印　　刷：北京市荣盛彩色印刷有限公司　　版　　次：2019 年 6 月第 1 版第 1 次印刷
开　　本：185mm×260mm　1/16　　　　　印　　张：12.75
书　　号：ISBN 978-7-111-62598-8　　　　定　　价：69.00 元

凡购本书，如有缺页、倒页、脱页，由本社发行部调换
客服热线：（010）88378991　88379833　　　投稿热线：（010）88379604
购书热线：（010）68326294　　　　　　　　　读者信箱：hzjsj@hzbook.com

版权所有·侵权必究
封底无防伪标均为盗版
本书法律顾问：北京大成律师事务所　韩光 / 邹晓东

　　文艺复兴以来，源远流长的科学精神和逐步形成的学术规范，使西方国家在自然科学的各个领域取得了垄断性的优势；也正是这样的优势，使美国在信息技术发展的六十多年间名家辈出、独领风骚。在商业化的进程中，美国的产业界与教育界越来越紧密地结合，计算机学科中的许多泰山北斗同时身处科研和教学的最前线，由此而产生的经典科学著作，不仅擘画了研究的范畴，还揭示了学术的源变，既遵循学术规范，又自有学者个性，其价值并不会因年月的流逝而减退。

　　近年，在全球信息化大潮的推动下，我国的计算机产业发展迅猛，对专业人才的需求日益迫切。这对计算机教育界和出版界都既是机遇，也是挑战；而专业教材的建设在教育战略上显得举足轻重。在我国信息技术发展时间较短的现状下，美国等发达国家在其计算机科学发展的几十年间积淀和发展的经典教材仍有许多值得借鉴之处。因此，引进一批国外优秀计算机教材将对我国计算机教育事业的发展起到积极的推动作用，也是与世界接轨、建设真正的世界一流大学的必由之路。

　　机械工业出版社华章公司较早意识到"出版要为教育服务"。自 1998 年开始，我们就将工作重点放在了遴选、移译国外优秀教材上。经过多年的不懈努力，我们与 Pearson，McGraw-Hill，Elsevier，MIT，John Wiley & Sons，Cengage 等世界著名出版公司建立了良好的合作关系，从他们现有的数百种教材中甄选出 Andrew S. Tanenbaum，Bjarne Stroustrup，Brain W. Kernighan，Dennis Ritchie，Jim Gray，Afred V. Aho，John E. Hopcroft，Jeffrey D. Ullman，Abraham Silberschatz，William Stallings，Donald E. Knuth，John L. Hennessy，Larry L. Peterson 等大师名家的一批经典作品，以"计算机科学丛书"为总称出版，供读者学习、研究及珍藏。大理石纹理的封面，也正体现了这套丛书的品位和格调。

　　"计算机科学丛书"的出版工作得到了国内外学者的鼎力相助，国内的专家不仅提供了中肯的选题指导，还不辞劳苦地担任了翻译和审校的工作；而原书的作者也相当关注其作品在中国的传播，有的还专门为其书的中译本作序。迄今，"计算机科学丛书"已经出版了近两百个品种，这些书籍在读者中树立了良好的口碑，并被许多高校采用为正式教材和参考书籍。其影印版"经典原版书库"作为姊妹篇也被越来越多实施双语教学的学校所采用。

　　权威的作者、经典的教材、一流的译者、严格的审校、精细的编辑，这些因素使我们的图书有了质量的保证。随着计算机科学与技术专业学科建设的不断完善和教材改革的逐渐深化，教育界对国外计算机教材的需求和应用都将步入一个新的阶段，我们的目标是尽善尽美，而反馈的意见正是我们达到这一终极目标的重要帮助。华章公司欢迎老师和读者对我们的工作提出建议或给予指正，我们的联系方法如下：

华章网站：www.hzbook.com
电子邮件：hzjsj@hzbook.com
联系电话：(010)88379604
联系地址：北京市西城区百万庄南街 1 号
邮政编码：100037

华章科技图书出版中心

MATLAB 是一种以矩阵和数组运算为基础的高级编程语言，为用户提供了简洁、高效的计算环境，深受广大科学家和工程师的信赖。MATLAB 简单易用、功能强大，针对多种科学和工程应用提供了经过专业开发和严格测试的工具箱，比如信号处理、统计分析、控制系统、最优化等工具箱。

译者多年以前就开始从事 MATLAB 学习、应用和教学，具体研究涉及车辆系统仿真、计算机视觉和深度学习等领域。正是由于对 MATLAB 编程和系统仿真的熟悉，使我们怀疑是否有必要将这本入门级的图书介绍给大家。直到了解到本书资料来源及作者简洁的写作风格，我们就迫不及待地想将它介绍给中国读者了。本书是根据美国威廉与玛丽学院（College of William & Mary）"科学家的实用计算"课程材料编写的，授课对象包括计算机科学、物理学、应用数学、化学等专业的大学生。本书内容涉及广泛，示例简洁生动，既适合没有系统编程知识的初学者学习，也适合有一定科学研究和工程技术基础的人员阅读，还可以作为高等院校本科生的学习教材。

本书分三个层次组织内容：计算基础、使用 MATLAB 求解日常生活问题、深入研究并扩展科学家的工具箱。第一部分除了介绍 MATLAB 的基础知识，还包含对计算历史和编程语言以及良好的编程实践的简要介绍。这部分内容凝聚了大学中常开设的"计算机基础"和"计算机科学导论"等课程的精华。第二部分主要涉及线性代数方程求解、数值求导、求根算法等内容，利用高等数学和线性代数等课程的基本知识，简单、快速地解决日常生活中的常见问题。最后一部分是关于 MATLAB 的深入研究和扩展，介绍了随机过程、蒙特卡罗仿真、优化问题和离散傅里叶变换等内容，当你深入到实际科学研究和工程项目中时会用到这方面的内容。

本书没有详细介绍 MATLAB 命令和工具箱，而是针对科学计算问题进行相关概念介绍，然后结合完整、简洁的代码进行讲解。本书不是教你成为优秀的计算机专家，而是利用应知应会的数学和物理知识快速解决科学研究和工程技术中的实际问题。在从事科学研究和工程技术相关工作时，导师或项目负责人往往比较看中你的"数学素养"，系统地阅读本书可以有效帮助你提高这方面的水平。千里之行，始于足下。当你掌握本书内容之后，再去尝试使用 MATLAB 的专业工具箱，甚至研究当前热门的人工智能和深度学习等内容，就会更得心应手了。

本书第 11 章由解放军信息工程大学刘楠副教授翻译，其余章节由河南工业大学信息科学与工程学院于俊伟博士翻译。由于译者水平有限，错误和疏漏在所难免，欢迎广大专家和读者提出宝贵意见。

本书的翻译工作得到国家自然科学基金项目（61300123）和河南工业大学第二批青年骨干教师培育计划项目的资助。感谢机械工业出版社华章公司对本书出版的重视，让我们有机会将本书呈现给大家，特别感谢王春华等编辑的支持和帮助，她们的工作使本书能够顺利推进。最后还要感谢家人对我们工作的支持，他们的爱和包容使我们有更多的时间投入本书的翻译工作，也使我们对正在从事的教育和科技工作更加坚定。

最后，希望我们的工作能为读者提供有益的帮助，那是我们最大的心愿！

译　者

2019 年 1 月

目标读者

本书适合任何想学习 MATLAB 编程的读者。如果你正在寻求关于编程、MATLAB 和数值方法的简明易懂的教程，那本书正好适合你。我们希望读者能在这里找到处理日常计算和程序设计问题的必要知识。即使是经验丰富的读者也能从书中得到对常见方法的有用见解，找到可能遇到的困惑问题的解释。

我们从简单的概念开始，帮你逐步掌握建模、模拟和分析真实系统的技能。此外，还概述了成功的科学或工程工作所必需的数值方法。本书帮你熟悉计算的"学问"，这样当你决定学习高级技术时，会知道该学习什么。

本书是根据"科学家的实用计算"（Practical Computing for Scientists）课程材料编写的，该课程为威廉与玛丽学院开设的一学期课程，教学对象为尚未确定主修学科的学生，以及物理、神经科学、生物学、计算机科学、应用数学和统计学或化学等专业的学生。成功学习这门课的学生水平也不相同，有的是大一新生，有的是大四毕业生，有的介于两者之间。

为什么选择 MATLAB

我们选择 MATLAB 作为编程语言，是因为 MATLAB 对一些已实现的功能有很好的平衡，这些功能对科学家来说非常重要又易于学习。MATLAB 为用户隐藏了许多底层细节，你不需要考虑变量类型、编译过程等。MATLAB 使用起来就是这么便利，它可以在不跟踪每个元素的情况下对整个数组进行计算，这正是 MATLAB 的核心。

从教师的角度来说，你不必为学生安装 MATLAB 而担心。软件安装过程很简单，学生都能独立完成。更重要的是，MATLAB 在 Windows、Mac 和 Linux 等操作系统中的界面和工作方式都一样，在不同计算机上产生的结果完全相同。

从学生的角度来说，MATLAB 可能是从事工程或科学研究工作最常用的编程语言。因此，如果你现在学习 MATLAB，或许就不需要再强迫自己学习其他行业标准编程语言了。

MATLAB 的主要缺点是价格昂贵，如果学校或单位不能提供，就得高价购买了。但这不是一个大问题，你可以选择免费的替代软件 GNU Octave。本书所有章节的练习，除了数据拟合外都可以通过 Octave 完成。Octave 中的数据拟合使用了一套不同的命令，其他部分和 MATLAB 的工作方式相同（对于一些高级选项可能需要稍作调整）。

本书不包含哪些内容

本书没有广泛介绍 MATLAB 命令，因为 MATLAB 已经有一个很好的手册，我们没有必要再编写一本，也无须重做一个在线教程。

本书也不能代替讲解数值方法的来龙去脉的书。我们尽可能讨论可以用数值方法完成的有趣的事情，而不必关心最有效的实现方法。然而，这本书的开头是个例外——通过数值算法的实现解释了一些编程基础知识，这些算法大多是 MATLAB 的内置函数。

如何阅读本书

如果你不是编程新手，可以跳过第一部分的大部分内容，但是要确保熟悉其中的元素操作、数组操作与数组元素操作之间的区别以及数组切片等内容。

如果你是科学家，那么绘图和数据拟合是必须掌握的。请务必阅读第 6 章。如果需要学习关于数据分析的重要内容，也需要学习这一章。

第三部分在某种程度上可作为自选内容，尽管我们十分推荐优化问题一章（即第 13 章）。令人惊讶的是有很多问题本质上都属于优化问题，可以用第 13 章提出的方法来解决。可能在本科高年级的课堂上才会用到这部分内容。

随着编程水平的提高，请重新阅读 4.4 节，并尝试从中学习更多技术。

数据文件和代码链接[⊖]

本书所有 MATLAB 代码及数据文件可在网站 http：//physics. wm. edu/programming_with_MATLAB_book 下载。本书英文电子版中直接给出了相关文件的链接地址。

㊀ 关于本书教辅资源，只有使用本书作为教材的教师才可以申请，需要的教师可到原出版社网站注册下载，若有问题，请与泰勒·弗朗西斯集团北京代表处联系，电话 010-58452806，电子邮件 janet. zheng@tanfchi-na. com。——编辑注

目 录

第一部分

Programming with MATLAB for Scientists：A Beginner's Introduction

计 算 基 础

计算机与编程语言简介

本章以现代计算的概述为背景，定义了什么是编程和编程语言，并进一步解释了数字在计算机中的作用和潜在的使用问题。

计算机的特点是难以置信的快速、准确和愚蠢，人的特点却是缓慢、不准确和聪明。计算机和人类的结合会产生超乎想象的能量。

——Leo Cherne [一] (1969)

1.1　早期计算史

我们很难相信，仅仅 100 年之前，世界上还没有计算机。过去"计算机"是指那些训练有素的人，他们只使用大脑和一些辅助工具就能完成相当复杂的计算。如图 1.1 所示，这幅画[二]描绘了俄罗斯乡村的一所普通学校中的场景。尽管黑板上的算式很难看清，但学生们却在努力求解如下表达式的结果：

$$\frac{10^2 + 11^2 + 12^2 + 13^2 + 14^2}{365} \tag{1.1}$$

图 1.1　左图是 Nikolay Bogdanov-Belsky1895 年创作的画《Mental Arithmetic. In the Public School of S. Rachinsky》，右图是黑板的局部放大图

　[一]　这句话的出处并不是十分确定。
　[二]　这幅画不受版权限制，可以从以下地址获得：www.wikiart.org/en/nikolay-bogdanov-belsky/mental-arithmetic-in-the-public-school-of-s-rachinsky。

常用的计算辅助工具有：算盘、滑动尺、预先计算的函数表（对数表、三角函数表、指数表……）和 19 世纪后期开始出现的机械计算器。这些辅助工具是不可编程的，它们只用于完成一些基本计算。相反，人类却会"编程"，也就是说，人类可以解决更复杂的问题[一]。

1.2　现代计算机

世界上第一台通用计算机是诞生于 1946 年的 ENIAC（电子数字积分计算机），ENIAC 也是现代计算机的鼻祖。其规格如下：

- 重量：30t
- 成本：50 万美元（考虑到通货膨胀，相当于现在的 600 万美元）
- 能耗：150kW（相当于 500 个家庭的平均用电量）

ENIAC 最快可以在 1s 内完成以下运算：5000 次加法运算，357 次乘法运算，或者 38 次除法运算。现代计算机速度是用 FLOPS（每秒浮点运算次数）来度量的。ENIAC 的性能相当于 100 FLOPS，而几年前笔者的台式机的性能大约是 50M FLOPS。现在普通手机的性能都比 ENIAC 高很多数量级。

现代计算机的共同特征

现代计算机通常具有以下特征：具有一个或多个中央处理单元（CPU）、存储数据与程序的存储器以及输入和输出接口（键盘、硬盘、显示器、打印机等）。典型的计算机内部使用二进制系统[二]。尽管存在一些差异，但是能够将现代计算机与早期计算机区分的主要特征是：计算机可以在不改变硬件的情况下为任何通用任务编程。

1.3　什么是编程

如果计算机是可编程的，那么我们应该能够进行编码，即由计算机生成适合执行的指令列表。"生成指令列表"听起来并不可怕。那么，问题是什么呢？编程可不是一件小事，事实上，甚至可以把它称为"编程艺术"。

想象一下你想吃东西的情景。对你来说最简单的程序就是：买比萨饼，然后吃掉它。这听起来很容易。现在开始把它分解成适合身体执行的指令列表：拿起电话（注意，首先要找到电话，这可不能忽略），拨打号码（想象一下活动你的手臂需要多少条指令，仅仅弯曲手指、指向数字、按下号码就需要很多指令），和电话另一端的售货人员交谈，确认订单（如果尝试将这分解成一些基本操作，也不是那么简单的），等待快递，付款（涉及开门、交谈、找钱包、数钱、付钱、找零一系列动作），把比萨饼盒拿到厨房，打开盒子，将比

[一] 可以说这是可编程性的顶峰。只需要通过正常的人类语言指定要做什么，然后任务就能完成。现在，我们必须把任务分解成非常小的基本子任务，以便计算机能理解这些任务。

[二] 有人尝试使用三进制系统的计算机，即基于数字 3 的计算机。三进制有一些优势，但是硬件成本更高。

萨饼切片，最后才是把它吃掉。这些操作中的每一步都能分解成一组更基本的动作。

在计算机上编程时，不仅需要实现所有细节，而且必须以一门"外语"（对你来说是这样的）来完成，这种外语甚至不是为人类设计的。

所以，我们把这些都放进了"编码"的范畴。这相对容易；更难的问题是需要提前考虑，并为每步操作设计一个安全保障（比如比萨饼很凉或者你拨错号码该怎么办）。但这还算相对容易。从那些看起来正确的程序流中发现错误并进行修复（即调试）才是比较难掌握的技能。科学上的编程甚至更难，因为你常常是第一个进行特定计算的人，没有参考样例来进行验证。例如，如果你是第一个精确计算 π 的数值的人，那么如何知道第一万亿位的小数是否正确呢？

本书中将尽可能地展示检查或测试程序的方法。在编程过程中你应该有意识地去寻找测试用例。任何人都可以编码，但是只有真正的高手才可以肯定地说某个程序是正确的，实现了它的设计目标[⊖]。

1.4　编程语言概述

毫不夸张地说，编程语言有成百上千种。不幸的是，没有一种语言是能适应任何情况的"银弹"（silver bullet）语言[⊖]。编程语言的特点各不相同，有的以速度见长，有的注重简洁，有的更易于硬件控制，有的侧重于减少错误，有的擅长图形和声音输出，有的则适合数值计算，等等。值得高兴的是大多数编程语言都有些相似。这与人类语言一样，一旦知道词语分为名词、动词和形容词等，在所有语言中都能这样划分词语，然后只需要掌握特定语言的正确语法就可以了。

编程语言的分类方法有很多，其中一种就是根据语言的层级高低来划分。在比萨饼订单的示例中，高级语言命令集可能只需要"订购"和"吃"两个指令；低级语言程序将非常详细，甚至包括控制神经脉冲来确定弯曲胳膊和手指的时机。

最低级的编程语言无疑是二进制代码。这是计算机唯一能理解的语言，当程序由计算机执行时，其他编程语言都需要转换成二进制语言。二进制代码不适合人类阅读，除了使用内存不足的微处理器的情况，现在基本不使用它。低级语言的代表有汇编语言、C、C++、Forth 和 LISP。高级语言的代表有 Fortran、Tcl、Java、JavaScript、PHP、Perl、Python 和 MATLAB。低级语言和高级语言之间的区别取决于使用者的具体应用。例如，使用 MATALAB 进行数值计算时，代码非常简洁，而在执行文件查找时，代码就显得非常冗长，比如在所有文件中查找名为 victory 的文件。

编程语言分类的另一种依据是内部实现。有些语言在执行之前需要进行编译（compile），即将程序编译成整体的二进制代码。而其他的语言，当命令到达执行队列时，将逐

⊖　计算机科学家有一个定理：不可能证明一个通用（足够复杂）程序的正确性。这就是**停机问题**（halting problem）。

⊖　所有编程语言中笔者只懂 10 种，日常工作中常用的也只有 4 种左右。

一解释(interpret)这些命令。

下面这个例子很好地突出了这两种方法之间的差异。想象一下，有人给你一篇外语论文，让你在众人面前阅读。你可以提前翻译它，然后直接阅读完整的翻译(编译)版本。或者，也可以等到演示的时候再逐行翻译(即解释它)。通过这个例子，我们可以看到每种方法的优点和缺点。如果你在演讲过程中需要速度，那就先进行完整的翻译或编译；然后，你在演示期间才有能力做其他的事情。但是这需要花时间来做准备。你也可以动态地解释论文，但是你会被这个任务压得喘不过气来，无法进行别的活动。然而，如果你正在处理一篇论文，需要在目标读者和作者之间来回切换，每次都重新开始翻译论文将很痛苦(计算机与人类不同，它没有记忆能力，一切都要从零开始)。如上所述，解释方式更方便进行交互式调试：找到问题点，修复它，然后继续。没有必要重新开始，因为它是一样的。在这种情况下，解释式的编程语言非常出色。

还有介于以上两种类别之间的第三种编程语言，将程序预先转换为一种更简单、更容易解释的语言，而不是二进制代码。但是从我们的观点来看，这与需要编译的语言类似，因为我们不能用这种方法交互式地调试程序。

在这个意义上来说，MATLAB 是一种交互式语言⊖，所以使用 MATLAB 还是很有趣的。想出命令，直接运行，查看结果。如果出现错误(bug)可以直接修复，而不需要花几个小时来重新进行初步计算。

智慧之言

计算机做你要求的工作，而不是你想做的。 如果计算机输出了不满意的结果，很可能是因为你没有正确地传递你的愿望。

1.5 计算机中的数字表示及其潜在问题

1.5.1 离散化——计算机的主要弱点

让我们看下面的表达式：

$$1/6 = 0.1666666666666666\cdots$$

因为小数部分的 6 是无限循环的，所以要把这个数字无限精确地保存在计算机里是不可能的。毕竟，计算机具有有限的内存大小。为了避免对无限内存的需求，计算机将每个数字截断到指定的有效位数。

例如，假设计算机只保存四位有效数字，则有：

$$1/6 = 0.1667_c$$

这里，下标"c"代表计算机表示方法。注意，最后一个数字不再是 6，计算机把它四

⊖ 如果你确实需要速度，可以编译代码的关键任务部分，尽管这超出了本书讨论的范围。

舍五入到最接近的数字。这就是由于截断或四舍五入引起的**舍入误差**（round-off error）。

由于四舍五入，对于计算机来说下面所有的数字都是相同的：

$$1/6 = 1/5.999 = \mathbf{0.1667}123 = \mathbf{0.1667}321 = \mathbf{0.1667}222 = \mathbf{0.1667}$$

我们可能会得出如下矛盾的结果（从代数的角度来说）：

$$20 \times (1/6) - 20/6 \neq 0$$

由于括号设置了计算顺序，上述计算等价于：

$$20 \times (1/6) - 20/6 = 20 \times 0.1667 - 3.333 = 3.334 - 3.333 = 10^{-4}$$

即使我们可以使用更多的位数来存储数字，我们还会面临同样的问题，只是处于不同的精度水平而已。

1.5.2　二进制表示

现在，让我们谈谈现代通用计算机的内部实现。计算机内部使用了一种二进制系统。信息的最小单位是**位**（bit），位只有两种状态：是或否，真或假，0 或 1。这里我们用 0 和 1 来表示。位是很小的信息单位，比位稍大的单位是**字节**（byte），它由 8 位组成。字节可以表示 $2^8 = 256$ 种不同的状态，它可以对 $0 \sim 255$ 或 $-128 \cdots 0 \cdots 127$ 的数字或字母表中的字符编码。

8 位计算机的时代已经过去了，现在典型的信息块由 8 字节（即 64 位）组成。因此，64 位可以对以下范围内的整数进行编码[⊖]：

$$- 2147483648 \cdots 0 \cdots 2147483647$$

这个范围看起来相当大，但是当我们要求计算机计算 2147483647＋10 时会发生什么呢？令人惊讶的是，答案居然是 2147483647。注意，结果的最后两位数字是 47，而不是预期的 57。这就是所谓的**溢出错误**（overflow error）。这与以下情况相似——假设一个人只会用手指数数，那么他能数的最大数字是 10[⊜]。如果让他计算 2 加 10，他的手指就会不够用，然后只能将最大的数字 10 作为计算结果。

1.5.3　浮点数表示

具有小数点的数字称为浮点数，比如 2.443 或 31.2×10^3。让我们看看计算机遇到浮点数时会怎么办，以负数 -123.765×10^{12} 为例。首先，计算机会将它转换为小数点前只有一位有效数字的科学计数形式：

$$(-1)^{s_m} \times m \times b^{(-1)^{s_e} q} \tag{1.2}$$

其中：

- s_m 是尾数的符号位（本例中为 1）。
- m 是尾数（本例为 1.23765）。

⊖　如果将来数据的位数有变化，可以用命令 intmin 和 intmax 查看 MATLAB 能够表示的数据范围。

⊜　实际上，如果使用二进制表示方式，10 个手指能够表示的最大数字是 $2^{10} = 1024$。

- b 是指数的基(本例中为 10)。
- s_e 是指数的符号位(本例中为 0)。
- q 是指数(本例中为 14)。

需要注意的是，计算机将一切都转换成二进制系统，所以指数的基 $b=2$。还需要记住，我们只有 64 位来存储符号位、尾数和指数。根据 IEEE 754 标准，尾数占 52 位，再加上 1 位符号位(这相当于 17 位十进制数字)。指数取 10 位，再加 1 位符号位(相当于 $10^{\pm308}$)。

浮点数表示方式具有以下局限性。最大的正数⊖为 $1.797693134862316 \times 10^{308}$，最小的正数⊖为 $2.225073858507201 \times 10^{-308}$。

因此，有如下公式成立：

$$(1.797693134862316 \times 10^{308}) \times 10 = \infty \tag{1.3}$$

上式产生了溢出错误。同时，下式

$$(2.225073858507201 \times 10^{-308})/10 = 0/10 = 0 \tag{1.4}$$

产生了下溢错误⊜。最后，我们给出了两个截断误差的例子：

$$1.79769313486231\mathbf{6} + 20 = 21.79769313486231\mathbf{8}$$
$$1.79769313486231\mathbf{6} + 100 = 101.7976931348623\_$$

注意观察以上两个例子中最后几位数字的变化。

> **智慧之言**
>
> 计算机永远不能精确地进行数值计算。 在最好的情况下，它们精确到一定的精度，这通常比理论上可以实现的单个数字要差。

那么该如何缓解上述情况呢？使用具有相似数量级的数字时，不要信赖结果的最小有效数字。

1.5.4 结论

尽管计算机的计算很精确。但无论如何，**计算机不是大脑的替代物**。计算机所得出的结果总是需要核对的。本书将为我们提供一些方法，使人类借助计算机提升思维能力。

1.6 自学

预备知识：如果你是 MATLAB 新手，请先阅读第 2 章。

⊖ 在 MATLAB 中使用命令 realmax。
⊜ 在 MATLAB 中使用命令 realmin。
⊜ 在有些计算机上，由于一些表示技巧，你可能会得到有意义的结果($2.225073858507201 \times 10^{-309}$)。但是，($2.225073858507201 \times 10^{-308}$)/$10^{17}$ 肯定会失败。为什么会这样？这超出了本书的讨论范围。IEEE 浮点算法标准(IEEE 754)中对此进行了解释。

习题 1.1

找出最大的数 x(保留一位有效数字即可),然后验证以下表达式等于零:

$$(1 + x) - 1$$

x 的值给出了 MATLAB 计算的相对不确定性;在进行计算时要对这一点心中有数。注意,x 实际上相当小。

习题 1.2

计算如下表达式的值:

$$20/3 - 20 \times (1/3)$$

代数上,结果应该为零。如果你的结果不是零,请解释原因。

习题 1.3

使用 MATLAB 计算如下表达式的值:

$$10^{16} + 1 - 10^{16}$$

代数上,结果应该为 1。如果你的结果不是 1,请解释原因。

习题 1.4

自然对数的基可以表示为:

$$e = \lim_{n \to \infty} \left(1 + \frac{1}{n}\right)^n$$

要精确估计 e 的值,应该使 n 尽可能大。请确定 n 取什么值(数量级)时,其估计结果与真实值 e= 2.718281828459…的偏差较大。

MATLAB 基础

本章介绍了 MATLAB 的基本原理，内容包括 MATLAB 图形用户界面、如何将 MATLAB 作为强大的计算器，以及 MATLAB 的关键函数和操作符，比如范围操作符等。本章还阐述了如何高效地编辑 MATLAB 代码、MATLAB 的矩阵用法和绘图功能。

本章绝不是为了代替 MATLAB 全面的说明文档。这个非常简短的介绍只是运行 MATLAB 的基础。读者一旦了解这些内容，肯定急切地想阅读相关的文档。本书中的许多例子只展示了给定命令或函数的部分功能。

2.1 MATLAB 的图形用户界面

MATLAB 启动后的图形用户界面(GUI)如图 2.1 所示。MATLAB 用户界面由以下几个区域组成：最上面显示的是操作菜单，左侧的 Current Folder 子窗口是文件系统视图，在左下角的 Details 子窗口中能预览选定文件的详细信息，右下角是 Workspace(工作空间)子窗口，居中最重要的窗口是 Command Window(命令窗口)。

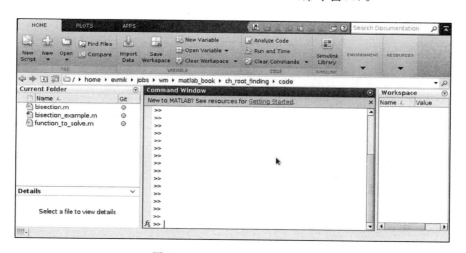

图 2.1 MATLAB 的启动界面

如果你是 MATLAB 新手，建议单击命令窗口顶部的 Getting Started 链接。该链接指向一些 MATLAB 说明文档和教程，能够帮助你快速入门。

在命令窗口可以输入 MATLAB 命令，并查看其执行结果。MATLAB 最起码可以当作功能强大的计算器来使用。如果输入 2+2，然后按 Enter 键，则 MATLAB 窗口如图 2.2 所示。注意，我们已经得到了想要的答案 4；它赋值给一个特殊变量 ans，这是英文 answer 的简称。变量 ans 总是用来记录最近未赋值的 MATLAB 命令结果。观察

图 2.2 的右侧，你会发现工作空间窗口也发生了变化，那里增加了变量 ans，其值为 4。程序运行期间，我们定义的所有变量都将在工作空间显示。

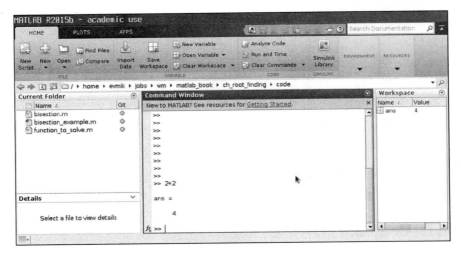

图 2.2 实现 2+2 计算的 MATLAB 窗口

为了避免使用太多屏幕截图，下面将使用计算会话记录进行演示。上述 2+2 计算如下所示：

```
>> 2+2
ans =
    4
```

以命令提示符 ">>" 开头的行用来输入命令，其他行显示命令执行结果。

结果变量 ans 也可用于计算，例如：

```
>> ans*10
ans =
    40
```

因为通过上一次的计算，ans 的结果为 4，所以这次运算结果为 40。如果继续进行计算，则结果变量 ans 的数值将会自动更新：

```
>> ans+3
ans =
    43
```

正如你所看到的，变量 ans 是 MATLAB 上一步运算得到的最新结果。

我们还可以定义其他变量，并在计算中使用它们：

```
>> a=3
a =
    3
>> b=2+a
b =
    5
>> c=b*a
c =
    15
```

将上述命令的执行结果赋值给变量 a、b、c，工作空间会显示新赋值的变量及数值，如图 2.3 所示。注意，变量 ans 的数值看起来很奇怪，是 43，因为它是不久前通过 ans+3 命令赋值的。从那时起，我们没有进行任何**未赋值**的计算，后续所有计算结果都分配给了相应的变量。

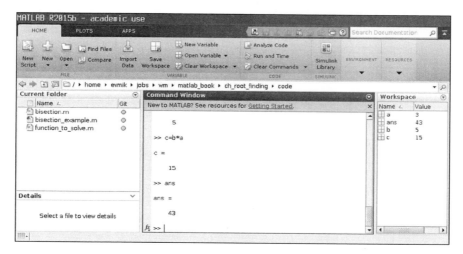

图 2.3　给变量 a、b、c 赋值后的 MATLAB 窗口

智慧之言

在计算过程中应避免使用不必要的结果变量 ans。它的值可能在一个命令执行后发生改变。因此最好将计算结果赋值给命名变量。这样，变量结果都在你的控制之中。

通常，我们并不需要检查计算的中间结果。在前面的例子中，我们可能只想查看最后一个表达式 c= b*a 的结果。因此，可以在表达式的末尾加上分号 ";"，以屏蔽或抑制表达式的屏幕输出。试比较以下代码与前面代码的效果：

```
>> a=3;
>> b=2+a;
>> c=b*a
c =
    15
```

2.2　功能强大的 MATLAB 计算器

2.2.1　MATLAB 的变量类型

MATLAB 的变量可以使用字母、数字和下划线来任意命名。变量名可以按任意顺序混合，唯一的要求是不能以数字开头。有效的变量名示例如 a、width_of_the_box、test1、medicalTrial_4。变量名只是存储在其中的内容的标签。我们将主要关注以下数值类型的变量。

整数

- 123
- -345
- 0

实数

- 12.2344
- 5.445454
- MATLAB 使用工程记数法表示，因此 4.23e-9 相当于 4.23×10^{-9}
- pi 是内置常数，$\pi = 3.141592653589793238462643383279502\cdots$

复数

- 1i 等于 $\sqrt{-1}$
- 34.23+21.21i
- (1+1i)*(1-1i)= 2

我们还需要注意字符串类型的变量（请参阅 2.5.3 节），它们通常用于标签、消息和文件名。用两个单引号包括词语就形成了字符串[⊖]。

字符串

- 'programming is fun'
- s='debugging is hard'

这并不是变量类型的完整描述，但是已经足够开始高效地使用 MATLAB 了[⊜]。

2.2.2　内置函数和运算符

MATLAB 有数百个内置函数和运算符。在这里，我们只介绍几个常用的基本函数。如果你曾经使用过计算器，那么你应该对这部分内容很熟悉。

三角函数及反三角函数，角度单位默认为**弧度**：

- sin、cos、tan、cot
- asin、acos、atan、acot

```
>> sin(pi/2)
ans =
    1
```

⊖　基于历史原因，MATLAB 中的引号不遵循印刷排版约定，印刷排版中一般使用一对分别表示开始和结束的引号。

⊜　数字的计算机内部表示类型有 uint、int32、single、double 等。当与硬件通信时，通常需要用到这些类型。另外，还有一种变量类型用于存储对函数的引用，也就是所谓的**句柄**（参见 4.5.2 节）。

也有以度为角度单位的三角函数：

- sind、cosd、tand、cotd
- asind、acosd、atand、acotd

```
>> sin(90)
ans =
    1
```

双曲函数：

- sinh、cosh、tanh、coth
- asinh、acosh、atanh、acoth

对数运算：

- log 表示自然对数。
- log10 表示以 10 为底的对数。

指数运算和函数：

- 计算指数 x^y：使用 x^y，或者使用函数 power(x,y)。
- 计算 e^y：使用函数 exp(y)。

赋值运算符

MATLAB 使用 "=" 作为赋值运算符。顾名思义，它将 "=" 右边表达式的值赋给左边的变量⊖。

MATLAB 表达式 x=1.2+3.4 可以理解为如下过程：

- 计算赋值运算符(=)右边表达式的值。
- 将表达式结果赋给 "=" 左侧的变量。
- 现在变量 x 的值为 4.6。

在以后的表达式中，我们就可以使用变量 x 的值了。

```
>> x+4.2
ans =
    8.8000
```

2.2.3 运算符的优先级

看下面的 MATLAB 表达式：-2^4 *5+tan(pi/8+pi/8)^2，尝试猜测它的结果，这或许相当困难。我们可能不确定 MATLAB 的计算顺序。它是先计算 tan(pi/8+pi/8)，

⊖ 人们常常会把赋值运算符和**相等检测**(equality check)运算符弄混淆。3.4 节中将会介绍它们之间的主要区别。

然后对它的结果进行平方，还是先计算 `(pi/8+pi/8)^2`，然后再取正切呢？

这些都是由 MATLAB 的**运算符优先级**规则来控制的。幸运的是，它遵循标准的代数规则：首先计算括号内的表达式，然后计算函数参数，再执行幂运算，然后进行乘法和除法运算，最后进行加法和减法运算，以此类推。

因此，上面的表达式求值过程可以逐步简化为如下形式：

1) `-(2^4)*5+(tan((pi/8+pi/8)))^2`

2) `-(16)*5+(tan(pi/4))^2`

3) `-80+(1)^2= -80+1=-79`

最终结果为−79。

要查看完整的和最新的运算符优先级规则，可以在帮助页面中搜索关键字 precedence，或者在命令窗口中运行 `doc precedence` 命令。

智慧之言

如果对运算优先级没有把握，可使用"()"来强制确定优先级顺序。

2.2.4 注释

MATLAB 将"%"后的所有内容作为注释处理，它能帮助读者理解将要执行的语句。

```
>> % this is the line with no executable statements
>> x=2 % assigning x to its initial value
x = 2
```

注释对命令执行没有任何影响。

```
>> y=4 % y=65
y = 4
```

注意，这里 y 赋值为 4，而不是 65。

2.3 高效编辑

有些人已经学会了盲打，输入速度很快，也有些人打字速度比较慢。对于这两类人，MATLAB 都有一些内置功能帮助我们更高效地进行输入和编辑。

自动补全是最有用的功能之一。输入函数或变量名时，先输入其开始的几个字符，然后按 Tab 键，会得到拼写完整的函数名（如果它是唯一的），或者是包含所有可能补全名称的选项表——可使用向上和向下箭头选择想要的选项，或者使用 Ctrl＋P 和 Ctrl＋N 快捷键选择，然后按 Enter 键确认最终选项。命令自动补全功能在命令行和 MATLAB 编辑器中都适用。

例如，如果在命令窗口中输入 `plot` 并按下 Tab 键，MATLAB 将显示以 plot 开头的所有可能选项，如图 2.4 所示。

有时候，你可能忘记了函数参数的使用顺序，此时只需要输入函数名及左括号，稍候片刻，MATLAB 会告诉你该函数的使用方法。

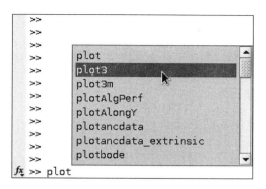

图 2.4　MATLAB 的函数补全示例

例如，如果输入 plot(，暂停一会，相关 MATLAB 窗口将如图 2.5 所示。

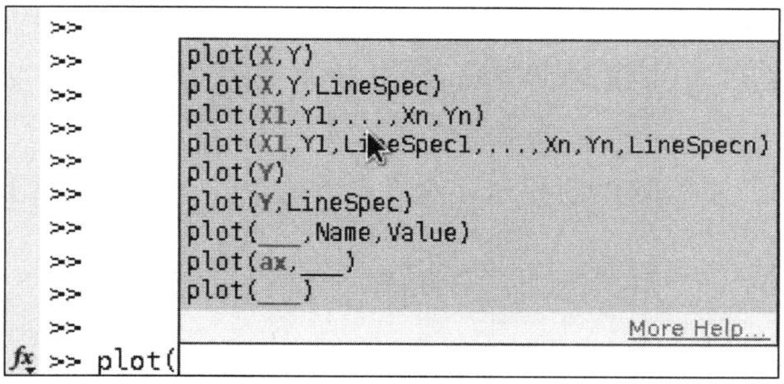

图 2.5　MATLAB 的函数参数提示示例

2.4　使用帮助文档

MATLAB 有极好的帮助文档，如果有疑问，尽管去查看 MATLAB 的帮助文档。可以通过 Help 菜单访问帮助文档，也可以直接在命令窗口中调用文档：

- docsearch word
  - ○ 在帮助文档中搜索检索词，将显示包含检索词的帮助文档。
  - ○ 示例：docsearch trigonometry
- help name
  - ○ 直接在命令窗口输出相应函数和方法的简短帮助文本。
  - ○ 示例：help sin
- doc name
  - ○ 在帮助浏览器中显示有关函数和方法的引用页面。通常，doc name 提供的信息比 help name 更多。
  - ○ 示例：doc sin

2.5　矩阵

MATLAB 可以处理矩阵。如果你还不知道什么是矩阵，可以把它理解为由元素构成的表。对于科学家来说，矩阵(matrix)、数组(array)和表(table)这 3 个词可以互换使用。

2.5.1　创建和访问矩阵元素

让我们创建一个 3×5 矩阵(即 3 行 5 列的矩阵)：

```
>> Mz=zeros(3,5)

Mz =
    0    0    0    0    0
    0    0    0    0    0
    0    0    0    0    0
```

这不是创建矩阵的唯一方法，但它是可以确保矩阵元素填充为零的方法。注意函数 zeros 的第一个参数是行数，第二个参数是列数。

注意，可以存在多于二维的矩阵，但是这样的矩阵很难可视化。比如，试试命令 zeros(2,3,4)。

我们可以访问和设置矩阵中的任意元素。让我们将矩阵 Mz 第 2 行第 4 列的元素设置为 1：

```
>> Mz(2,4)=1  % 2nd row, 4th column

Mz =

    0    0    0    0    0
    0    0    0    1    0
    0    0    0    0    0
```

请注意，这样的赋值方法可保持矩阵中的其他元素不变，还是 0。

现在，如果执行命令 Mz(3,5)=4，将对矩阵第 3 行第 5 列的元素进行赋值。

```
>> Mz(3,5)=4  % 3rd row, 5th column

Mz =

    0    0    0    0    0
    0    0    0    1    0
    0    0    0    0    4
```

创建矩阵的另一种方法是指定矩阵的所有元素。矩阵列元素应该用逗号或空格分隔，行元素使用分号分隔。为了重新创建上面的矩阵，可以执行以下命令：

```
>> Mz=[ ...
0, 0, 0, 0, 0; ...
0, 0, 0, 1, 0; ...
0, 0, 0, 0, 4]

Mz =
    0    0    0    0    0
    0    0    0    1    0
    0    0    0    0    4
```

注意，用 3 个点标记的续行符(...)表示 MATLAB 的输入将在下一行继续，MAT-LAB 应该等待完整的语句求值。

如果矩阵只有一维，那么它通常被称为**向量**(vector)。可以将向量细分为**列向量**($m \times 1$)和**行向量**($1 \times m$)。

比如，为了创建行向量，可以输入如下命令：

```
>> % use comma to separate column elements
>> v=[1, 2, 3, 4, 5, 6, 7, 8]
v =
         1     2     3     4     5     6     7     8
>> % alternatively we can use spaces as separators
>> v=[1 2 3 4 5 6 7 8];
>> % or mix these two notations (NOT RECOMMENDED)
>> v=[1 2 3, 4, 5, 6 7 8]
v =
         1     2     3     4     5     6     7     8
```

列向量构造方式为：

```
% use semicolon to separate row elements
>> vc=[1; 2; 3]
vc =
     1
     2
     3
```

还可以利用已有的列向量来创建矩阵。这里，我们将使用已经准备好的列向量 vc。

```
>> Mc=[vc, vc, vc]
Mc =
     1     1     1
     2     2     2
     3     3     3
```

在下面的例子中，我们准备了原始向量 v，可以使用向量 v 的简单算术运算构建矩阵 Mv。

```
v =
         1     2     3     4     5     6     7     8
>> Mv=[v; 2*v; 3*v]
Mv =
     1     2     3     4     5     6     7     8
     2     4     6     8    10    12    14    16
     3     6     9    12    15    18    21    24
```

2.5.2 基本矩阵运算

MATLAB 是 Matrix Laboratory(矩阵实验室)的缩写[⊖]，是专门为终端用户高效方便地处理矩阵而设计的。我们刚才看了一个例子——通过向量的乘法运算来构造矩阵，下面演示几个关于矩阵运算的例子。

⊖ 本质上，MATLAB 中几乎所有的内容，甚至简单的数字都是矩阵。例如，把 123 赋值给变量 x(x＝123)。我们可以通过调用变量名或将它作为矩阵的第一个元素来获得 x 的值。操作 2*x、2*x(1)和 2*x(1,1)将产生同样的结果：246。

假设有如下形式的矩阵 Mz：

```
Mz =
     0     0     0     0     0
     0     0     0     1     0
     0     0     0     0     4
```

可以完成下面的操作，而不用担心如何对矩阵中的每个元素执行数学运算[⊖]。

加法：

```
>> Mz+5
ans =
     5     5     5     5     5
     5     5     5     6     5
     5     5     5     5     9
```

乘法：

```
>> Mz*2
ans =
     0     0     0     0     0
     0     0     0     2     0
     0     0     0     0     8
```

注意，对于矩阵和数字的基本算术运算，矩阵的每个元素都得到相同的处理。

函数可以用矩阵作为参数，并计算每个矩阵元素的函数值[⊖]。我们对矩阵 Mz 执行求正弦运算：

```
>> sin(Mz)
ans =
     0        0        0        0        0
     0        0        0    0.8415        0
     0        0        0        0  -0.7568
```

将两个矩阵相加：

```
>> Mz+Mz
ans =
     0     0     0     0     0
     0     0     0     2     0
     0     0     0     0     8
```

当两个矩阵参与数学运算时，规则通常更复杂。例如，矩阵乘法是按照线性代数的规则进行的：

```
>> Mz*Mz'
ans =
     0     0     0
     0     1     0
     0     0    16
```

这里，Mz'对应于 Mz 转置矩阵的复共轭，即 $Mz(i, j)' = Mz(j, i)^*$。复共轭在本例中没有明显的作用，因为 Mz 的所有元素都是实数。

矩阵对应元素算术运算符

有些特殊的算术运算符能处理矩阵元素，也就是说，它们不再遵循线性代数的规则。这样的按位元素运算符以"."开头，例如，考虑向量对应元素的乘法运算符".*"：

⊖ 在许多低级编程语言中（例如，C 语言），需要程序员来正确实现此项任务。

⊖ 这并不总是正确的，但是对于基本的数学函数是正确的。有些函数对矩阵元素做一些非平凡的变换。例如，函数 sum 将矩阵元素按列求和，返回一个降维矩阵。

```
>> x=[1 2 3]
x = 1      2      3
>> y=[4 3 5]
y = 4      3      5
>> x.*y
ans =
        4      6      15
```

结果是由 x 的每个元素与 y 的对应元素相乘得到的。注意，命令 x *y 会产生错误，因为乘法定义不能将相同类型的向量相乘，这里 x 和 y 都是行向量。

再举一个对应元素乘法的例子：

```
>> x=[1 2 3]
x = 1      2      3
>> x.*x % equivalent to x.^2 (see below)
     ans = 1      4      9
```

下面是对应元素除法运算符 "./" 的示例：

```
>> x./x
     ans = 1      1      1
```

最后，是对应元素幂运算符 ".^" 的示例：

```
>> x.^2
     ans = 1      4      9
```

让我们结束关于向量的对应元素运算，开始进行二维矩阵上的对应元素运算。

首先，定义一个矩阵 m：

```
>> m=[1,2,3; 4,5,6; 7,8,1]
m =
     1      2      3
     4      5      6
     7      8      1
```

表 2.1 中，我们对比了对应元素运算符和线性代数运算符的区别。

表 2.1　对应元素运算符与线性代数运算符的区别

对应元素运算符	线性代数规则运算符

运算符：. *
`>> m.*m`
`ans =`
`     1      4      9`
`    16     25     36`
`    49     64      1`
	运算符：*
	`>> m*m`
	`ans =`
	`    30     36     18`
	`    66     81     48`
	`    46     62     70`

运算符：.^
`>> m.^m`
`ans =`
`     1        4       27`
`   256     3125    46656`
`823543  16777216     1`
	运算符：^（两个矩阵不能进行幂运算）
	`% we expect this to fail`
	`>> m^m`
	`Error using  ^`
	`Inputs must be a scalar`
	`  and a square matrix.`

运算符：./
`% expect the matrix of`
`   ones`
`>> m./m`
`ans =`
`     1      1      1`
`     1      1      1`
`     1      1      1`
	运算符：/（两个方阵能够进行除运算）
	`% expect the unity matrix`
	`>> m/m`
	`ans =`
	`     1      0      0`
	`     0      1      0`
	`     0      0      1`

2.5.3 字符串矩阵

MATLAB 将字符串存储为一维数组或矩阵。可以通过指定字符串中的位置来访问其中的单个字符。

```
>> s='hi there'
s =
  hi there

>> s(2)
ans =
  i

>> s(4)
ans =
  t
```

2.6 冒号运算符

冒号运算符(即范围运算符)":"非常有用,在 MATLAB 中常用它创建向量或矩阵索引。其常用格式是 start:increment:stop,可创建具有如下数值的向量:[start, start + 1*increment,…, start + m*increment],其中,m(m=1,2,3,4,…,start)表示初始元素,increment 表示增量,stop 表示末尾元素,并且要满足 start≤start+ m*increment≤stop。

通过查看下面的示例,了解冒号运算符将容易得多。

```
>> v=5:2:12
v =
     5     7     9    11
```

增量也可以是负数:

```
>> v2=12:-3:1
v2 =
    12     9     6     3
```

也可以使用 start:stop 格式来生成向量,增量默认值为 1:

```
>> v1=1:5
v1 =

     1     2     3     4     5
```

但也有一些例外,比如:

```
>> v3=5:1
v3 =
  Empty matrix: 1-by-0
```

上述命令产生了一种不可预测的结果。你或许会认为 v3=5,但是还有一些额外的内置条件。可在帮助浏览器中查看冒号运算符的详细说明,或者在命令窗口中执行 doc colon命令了解这些条件。

矩阵切片

我们经常需要从矩阵中选择一个或多个元素，即矩阵的子集或元素块。这种操作称为**切片**(slicing)，就像从矩形蛋糕上切下一片一样。

这里，有一个维数为 3×8 的矩阵 Mv，我们想选择矩阵第 2、5、6 列的所有元素：

```
>> Mv
Mv =
    1      2      3      4      5      6      7      8
    2      4      6      8     10     12     14     16
    3      6      9     12     15     18     21     24

>> Mv(:,[2,5,6])
ans =
    2      5      6
    4     10     12
    6     15     18
```

这里"："表示选择所有相关的元素(本例为所有行)。注意，我们使用向量([2,5,6])指定了想要的列。

类似地，我们可以从较长字符串中获取符号子串：

```
>> s='hi there'
s =
    hi there

>> s(4:8)
ans =
    there
```

2.7　绘图

只看构成矩阵的数字会很无聊，因此，我们通过图形的形式来显示数据，这会更有趣。

假设我们有一个表示 x 坐标的向量，想要绘制 sin(x)的曲线。首先，在 0～2π 范围内创建 10 个等间隔的 x 值，这是通过函数 linspace 来实现的。然后，计算对应的 sin(x)值，并将结果赋值给向量 y。最后，使用 plot 命令进行绘图。

```
>> x=linspace(0,2*pi,10)
x =
    0      0.6981     1.3963      2.0944      2.7925      3.4907
    4.1888 4.8869      5.5851      6.2832
>> y=sin(x)
y =
    0      0.6428     0.9848      0.8660      0.3420     -0.3420
   -0.8660   -0.9848   -0.6428     -0.0000
>> plot(x,y,'o') %  alternatively plot(x,sin(x),'o')
>> % every plot MUST have title, x and y labels
>> xlabel('x (radians)')
>> ylabel('sin(x)')
>> title('Plot of sin(x)')
```

结果如图 2.6 所示。注意 plot 命令的第 3 个参数'o'，这是我们指定点标记样式的方法(本例为圆圈)。plot 命令有很多变体：可以指定点标记样式、点的颜色和连接点的线型。请阅读相关文档以获取完整的选项。另外，注意每个专业准备的绘图都应该有标题和坐标轴标注。为此我们使用了 `xlable`、`ylable` 和 `title` 命令。我们看到了字符串类型变量的用法(在 2.2.1 节中讨论过):字符串用于注释。

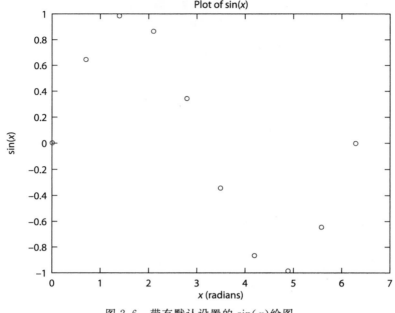

图 2.6　带有默认设置的 $\sin(x)$ 绘图

请注意,图 2.6 中的默认字体有点小。使用命令 `set(gca,'Fontsize',24)` 可以将字体设置为较大的值(24)。`gca` 看起来很神秘,但它代表获取当前 Axis 对象的句柄,这个对象是一些绘图属性的集合。在这些属性中,我们只改变字体大小属性,其余属性则保持不变。为了使字体设置命令生效,我们需要重新运行整个与绘图相关的命令序列:

```
>> plot(x,y,'o')
>> set(gca,'FontSize',24);
>> xlabel('x (radians)')
>> ylabel('sin(x)')
>> title('Plot of sin(x)')
```

结果如图 2.7 所示,字体现在大了很多。

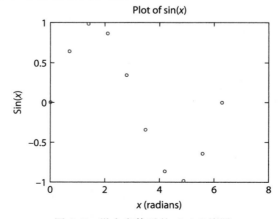

图 2.7　增大字体后的 $\sin(x)$ 绘图

将绘图保存到文件

可以通过 figure 窗口下拉菜单或执行 print 命令来保存绘图[⊖]。

若要以 PDF 格式保存图形，请执行以下命令：

```
>> print('-dpdf', 'sin_of_x')
```

这将生成文件 sin_of_x.pdf。注意，MATLAB 会自动添加合适的文件扩展名（pdf）。-d 选项用于指定输出格式，包括 pdf、ps、eps、png 等。

> **智慧之言**
>
> 不要将绘制的图像保存为 JPEG 格式，这是一种有损压缩格式，可以保存普通的图像，但不适合用于处理颜色变化剧烈的图像。使用 JPEG 格式保存图像，可能导致标注变得模糊和难以阅读、细线条会有奇怪的瑕疵等问题。

不幸的是，MATLAB 生成的 PDF 文件有很多页边空白，清除这些无用的空白并非易事[⊖]。因此，PDF 格式的图不适合出版。想得到符合出版物质量的图像，最简单的方式是生成 PNG 文件，它在绘图区域周围的边界非常小。

```
>> print('-dpng', '-r100', 'sin_of_x')
```

默认情况下，图像的大小为 8 英寸×6 英寸[⊖]；通过 -r 开关选项可以设置图像的分辨率单位为 dpi（每英寸内的点数）。本例中，分辨率是 100dpi，因此得到的图像是 800 像素×600 像素。可以根据需要增加或减少分辨率参数。

2.8　自学

回忆 2.7 节讨论过的 plot、linspace 和 print 等命令。此外，还可以查阅相关的 MATLAB 帮助文档。

习题 2.1

为函数 $f(x) = \exp(-x^2/10) * \sin(x)$ 绘图，其中 x 取 $[0, 2\pi]$ 范围内的 400 个等间隔点，图中数据点用实线连接。

注意，程序中不要使用循环。

习题 2.2

x 是 $[-1, 1]$ 范围的 100 个等间隔点，分别为函数 x^2 和函数 $x^3/2 + 0.5$ 绘图。要求函数 x^2 的图形为红色实线，函数 $x^3/2 + 0.5$ 的图形为黑色点画线。

注意，程序中不要使用循环。

⊖　像往常一样，建议读者阅读 print 命令的帮助文档，以了解其完整的功能。

⊖　作者花了相当多的时间来想办法消除页边空白。如果你在网络上搜索，会发现很多类似"MATLAB 中如何删除 PDF 页边空白"的问题。

⊖　是的，21 世纪我们还在使用英寸这种单位，1 英寸≈2.54 厘米。

布尔代数、条件语句和循环

本章概述如何使用 MATLAB 向计算机指定条件语句。首先用示例说明了 MATLAB 的布尔逻辑、比较运算符的使用和向量的比较，接着介绍了如何使用 if-end-else 语句，以及如何使用循环来解决重复任务。

到目前为止，我们介绍的计算流程都是按语句先后顺序执行的。如果要做出决策，我们会自己做了。对于小型计算会话来说这是可行的，但是我们希望将决策权交给计算机。换句话说，我们需要学习如何为计算机指定条件语句。掌握这个方法是本章的目标。

3.1 布尔代数

要做出决策，就需要评估指定语句的真假。在布尔代数中，一条语句（例如，the light is on）可以为**真**（true），也可以为**假**（false）。这种逻辑可以追溯到亚里士多德时代，属于自然逻辑[⊖]。因此，布尔类型的变量只有两种状态或值：

- `false`：MATLAB 使用数值 0 来表示它。
- `true`：MATLAB 使用数字 1 来表示。实际上，除了 0 以外的所有值都可以作为真值。

布尔代数中有几个逻辑运算符。其中，以下 3 个是最基本的运算符。

- 逻辑非：MATLAB 中使用符号"~"表示：

$$\sim \text{true}=\text{false}$$
$$\sim \text{false}=\text{true}$$

- 逻辑与：MATLAB 中使用符号"&"表示：

$$\text{A\&B}=\begin{cases} \text{true，如果 A=true，并且 B=true} \\ \text{false，} \qquad\qquad \text{其他情况} \end{cases}$$

- 逻辑或：MATLAB 中使用符号"|"表示：

$$\text{A}|\text{B}=\begin{cases} \text{false，如果 A=false，并且 B=false} \\ \text{true，} \qquad\qquad \text{其他情况} \end{cases}$$

对于任意值 z，下式成立：

$$\sim \text{Z \& Z= false}$$

因此，语句 Cats are animals and cats are not animals 为假。

⊖ 还有一种所谓的模糊逻辑，表示我们有时候会处于"混合"或不确定的状态。但这超出了本书讨论的范围。

3.1.1　MATLAB 中布尔运算符的优先级

MATLAB 的逻辑运算符优先级如下：逻辑非（～）具有最高的优先级，然后是逻辑与（&），最后是逻辑或（|）。

考虑以下示例：

$$A \mid {\sim}B \,\&\, C$$

给上述逻辑运算添加括号，以明确其运算优先级（要记得带括号的表达式优先计算）。上述表达式等效于：

$$A \mid ((\sim B) \,\&\, C)$$

因此，对于 A=false，B=true，C=true，有

$$A \mid {\sim}B \,\&\, C = false$$

3.1.2　MATLAB 布尔逻辑运算举例

为了理解下面的例子，我们回忆一下 MATLAB 认为哪些数字是 true 或者 false：

```
>> 123.3 & 12
ans = 1

>> ~ 1232e-6
ans = 0
```

矩阵的逻辑运算：

```
>> B=[1.22312, 0; 34.343, 12]
B =
    1.2231      0
   34.3430   12.0000

>> ~B
ans =
    0     1
    0     0
```

让我们来处理一下哈姆雷特的著名问题："To be or not to be?"

```
>> B|~B
ans =
    1     1
    1     1
```

我们得到一个肯定会使哈姆雷特困惑的答案：true。不论哪种情况，答案都是 true。

对于两个不同的矩阵，定义如下：

```
>> B=[1.22312, 0; 34.343, 12]
B =
    1.2231      0
   34.3430   12.0000

>> A=[56, 655; 0, 24.4]
A =
   56.0000   655.0000
    0         24.4000
```

可以得到以下结果：

```
>> B&A                           >> A|~B
ans =                            ans =
     1     0                          1     1
     0     1                          0     1
```

3.2　比较运算符

表 3.1 中给出了完整的 MATLAB 数值比较运算符。

表 3.1　MATLAB 数值比较运算符

名　　称	数　学　符　号	MATLAB 运算符号	注　　释
相等	$=$	$==$	
不相等	$\neq$	$\sim=$	
小于	$<$	$<$	注意是两个等号
小于等于	$\leqslant$	$<=$	
大于	$>$	$>$	
大于等于	$\geqslant$	$>=$	

比较运算符允许我们执行"哪些元素"（which element）和选择（choose）操作。这将在
3.2.1 节中进行详细说明。

3.2.1　向量比较

我们看几个关于向量 x 的例子，首先通过如下命令定义 x：

```
>> x=[1,2,3,4,5]
x =
     1     2     3     4     5
```

让我们来看看下面的语句：x >= 3。很容易把它理解为"x 是否大于或等于 3"。但是
x 有很多元素，有些可能小于 3，有些可能大于 3。这个问题没有明确定义，因为我们不
知道使用哪些元素进行比较。

正确理解语句 x >= 3 的方式是把它读作"x 的哪些元素大于或等于 3"。

```
>> x >= 3
ans =
     0     0     1     1     1
```

请注意，得到的结果向量的长度与 x 相同，在每个 x 元素的对应位置上，答案都为
true 或 false。

下面是比较运算符更有趣的用法：选择 x 中大于或等于 3 的元素。

```
>> x(x >= 3)
ans =
     3     4     5
```

输出结果是 x 的子集。

3.2.2 矩阵比较

现在，我们定义两个矩阵 A 和 B：

```
>> A=[1,2;3,4]              >> B=[33,11;53,42]
A =                        B =
1      2                   33        11
3      4                   53        42
```

矩阵 A 中哪些元素大于等于 2 呢？

```
>> A>=2
ans =
    0       1
    1       1
```

筛选 A 中大于或等于 2 的元素：

```
>> A(A>=2)
ans =
    3
    2
    4
```

在矩阵 B 中筛选元素，元素位置为 A 中大于等于 2 的元素对应的位置：

```
>> B(A>=2)
ans =
    53
    11
    42
```

注意，即使输入是矩阵，**筛选**（choose）操作的返回值也是列向量。

3.3 条件语句

3.3.1 if-else-end 语句

最后，我们准备编写一些条件语句。例如，可以简单地描述一个条件语句："if you are hungry, then eat some food; else, keep working."MATLAB 的 `if` 表达式与人类的表述形式非常相似：

```
if <hungry>
  eat some food
else
  keep working
end
```

注意，MATLAB 没有使用 then 语句，因为这是不必要的。即使在英语中，我们有时也会忽略 then，如"if hungry, eat ……"。另外，MATLAB 使用一个特殊的关键字 end 来结束条件语句，而不是使用句号。

if-else-end 语句更正式的定义是：

```
if <表达式>
     只有在<表达式>为true时才执行此部分
```

```
else
    只有当<表达式>为false时才执行此部分
end
```

注意，if、else 和 end 是 MATLAB 的保留关键字，所以我们不能将其作为变量名。一个与 MATLAB 要求完全符合的示例如下：

```
if (x>=0)
  y=sqrt(x);
else
  error('cannot do');
end
```

3.3.2　if 语句的简短形式

条件语句通常不需要 else 子句，例如，"如果你赢了一百万美元，那就去参加聚会吧。"这种语句的 MATLAB 等价表示如下：

```
if <表达式>
    只有在<表达式>为true时才执行此部分
end
```

if 语句简短形式的例子如下：

```
if (deviation<=0)
  exit;
end
```

3.4　等于语句的常见错误

查看下面的代码，试着猜测 if 语句执行之后 D 会赋什么值。

```
x=3; y=5;
if (x=y)
  D=4;
else
  D=2;
end
```

因为 x 不等于 y，你可能认为 D 赋值为 2。但是，当执行上述代码时，MATLAB 将抛出如下错误：

```
if (x=y)
     |
Error: The expression to the left of the equals sign is
   not a valid target for an assignment.
```

这条错误提示消息看起来很神秘，实际上它表示我们试图使用赋值运算符(=，即单个等号)代替等于运算符(==，即双等号)。

3.5　循环

3.5.1　while 循环

我们经常不得不做一些重复性的工作：拿起一块砖，把砖砌进墙里，再拿起一块砖，把砖砌进墙里，继续拿起一块砖，把砖砌进墙里……要是为每块砖都指定一个砌砖动作就太不明智了，因此，我们通常采用循环的形式：只要墙还没有砌好，就需要把砖块砌入墙内。MATLAB 使用 while-end 循环来规定重复工作。

```
while <expression>
    this part (the loop body) is executed as long as the
        <expression>is true
end
```

最后的 end 表示循环语句的结尾，它不是表示循环退出或完成的信号。

例如，将 1～10 的整数求和：

```
s=0; i=1;
while (i<=10)
  s=s+i;
  i=i+1;
end
```

现在变量 s 用来保存求和结果：

```
>> s
   s = 55
```

正如预料的那样，和是 55。

while 循环非常有用，但不能保证它一定会结束。如果循环体中的条件语句比较复杂，则循环是否会结束可能无法预测。因此，人们很容易忘记创建适当的退出条件。查看以下代码：

```
s=0; i=1;
while (i<=10)
  s=s+i;
end
```

乍一看，它与前面计算 1～10 整数之和的代码完全一样。但如果运行这段代码，计算机会一直计算下去。此时，要停止持续执行的程序，只需要同时按下两个键：Ctrl 和 C。现在让我们看一看问题出在哪里。由于漏掉了变量 i 的更新语句，所以 i 的值总是 1。因此，i<=10 条件始终为真，循环注定要永远进行下去。

智慧之言

使用 while 循环时，首先编写控制退出循环的语句。

3.5.2　特殊命令——break 和 continue

在某些情况下，我们希望在循环体的中间停止循环，或者当某些条件满足时停止循环。为此，MATLAB 中设置了一个特殊的命令 break，它能停止循环的执行。让我们看看如何使用 break 命令计算 1～10 的整数的和。

```
s=0; i=1;
while (i > 0)
  s=s+i;
  i=i+1;
```

```
    if (i > 10)
      break;
    end
end
```

另一个特殊的命令是 continue，它中断循环体的执行，并使循环从开头开始执行。让我们用相同的从 1～10 求和的问题来演示它。

```
s=0; i=1;
while (i > 0)
  s=s+i;
  i=i+1;
  if (i < 11)
    continue;
  end
  break;
end
```

这些示例看起来越来越复杂，但是在某些情况下，continue 或 break 的使用实际上会简化代码。

3.5.3 for 循环

while 循环可用于处理多种问题，但是，正如前一小节中提到的，使用 while 循环需要小心地对退出条件进行跟踪和编程。for 循环中不存在这个问题，尽管它不那么通用。

```
for <variable>=<expression>
    the body of the loop will be executed with <variable>
    set consequently to each column of the <expression>
end
```

for 循环的惯用语法是：for i= initial:final。在这种情况下，我们可以把它理解为对于从初始值到终值的每个整数 i，执行一些操作。我们将用同样的求和示例来演示它：

```
s=0;
for i=1:10
    s=s+i;
end
```

s 的结果同样为 55。

for 循环的循环变量不一定是顺序的。再举一个例子，计算 x 的所有元素之和：

```
sum=0;
x=[1,3,5,6]
for v=x
  sum=sum+v;
end

>> sum
sum =
  15
```

for 循环确保能够在可预测的迭代次数（＜表达式＞中的列数）之后结束。不过，前文提到的命令 break 和 continue 也可以在 for 循环中使用，可以随意使用它们来中断或重定向循环流。

级数实现示例

让我们使用 MATLAB 实现以下级数:

$$S = \sum_{k=1}^{k \leqslant 100} a_k \qquad (3.1)$$

其中

$$a_k = k^{-k}$$

$$a_k \geqslant 10^{-5}$$

一旦我们开始对一个相对复杂的表达式进行编程,有多种方法可以得到相同的结果。但是,你的目标应该是找到最简洁的代码。

下面给出了式(3.1)的几个实现方式。

```
S=0; k=1;                    S=0; k=1;                    S=0;
while( (k<=100) & (k^-k      while( k<=100 )              for k=1:100
    >= 1e-5) )                 a_k=k^-k;                    a_k=k^-k;
  S=S+k^-k;                    if (a_k < 1e-5)              if (a_k < 1e-5)
  k=k+1;                        break;                        break;
end                           end                          end
%                             S=S+a_k;                      S=S+a_k;
%                             k=k+1;                       end
%                           end                            %

>> S                         >> S                          >> S
S =                          S =                           S =
  1.2913                       1.2913                        1.2913
```

正如所看到的,这 3 种方法都得出了相同的结果,但是左侧的实现似乎更清晰。

如果你有编程经历,用循环来解决问题是非常自然的方式。但是,只要有可能,你应该练习使用 MATLAB 的矩阵操作功能。

让我们看看如何在没有循环的情况下实现式(3.1)。

```
>> k=1:100;
>> a_k=k.^-k; % a_k is the vector
>> S=sum(a_k(a_k>=1e-5))
S =
  1.2913
```

在这段代码中,我们使用了"选择元素"概念和内置函数 sum。

智慧之言

如果很在意计算速度,就要尽量避免使用循环,充分利用 MATLAB 的矩阵操作功能。这通常也会产生更简洁的代码。

3.6 自学

习题 3.1

编程实现第 4 章 4.6 节中列出的习题。如果你还不明确什么是函数,只需要先编写一个脚本,即命令序列。

函数、脚本和良好的编程实践

编程的艺术是将人类使用的符号转换成计算机能理解的符号。本着逐渐增加复杂程度的精神，我们总是从数学符号开始，它是人类语言和计算机语言（编程）之间的桥梁。从本质上讲，数学符号是一种通用语言，它能应用于包括 MATLAB 在内的任意编程语言。本章将讨论函数、脚本和基本的良好编程实践，从两个动机引例开始，展示了如何运行测试用例来检查解决方案，确保它们是可行的，最后以递归函数和匿名函数结束本章。

4.1 动机引例

在学习函数和脚本之前，我们先讨论两个例子：第一个是与个人财务问题有关，第二个来自物理学。

4.1.1 银行利率问题

假设有人想在两年后买一辆价格为 Mc 的汽车，而他现在有一笔金额为 Ms 的起始资金。那么，从起始金额增加到所需金额的利率是多少？

按惯例，我们首先要把问题翻译成数学语言，然后把它转换成编程问题。通常情况下，利率是按账户每年增长的百分比（p）来计算的。然而，百分比实际上是供会计使用的，其他人常用百分数来表示利率，也就是 $r=p/100$，所以我们认为初始投资每年以 $1+r$ 的倍速增长。因此，两年后它将增长到 $(1+r)^2$ 倍，最后我们可以得出以下方程：

$$Ms \times (1+r)^2 = Mc$$

再回到百分比的表示形式：

$$Ms \times (1+p/100)^2 = Mc$$

现在，展开方程：

$$1 + 2\frac{p}{100} + \frac{p^2}{100^2} = \frac{Mc}{Ms}$$

进行如下替换：$p \to x$，$1/100^2 \to a$，$1/50 \to b$，$(1-Mc/Ms) \to c$，很容易得到标准二次方程：

$$ax^2 + bx + c = 0 \tag{4.1}$$

现在，我们暂不求解这个方程，再看一个需要用此类方程求解的问题。

4.1.2 飞行时间问题

烟火技师希望在高度为 h 处引燃火药，以最大限度地展现烟火的视觉效果，并与其他位置的烟火同步。烟花弹以垂直速度 v 离开炮筒。我们需要确定点火定时器的延迟时间，即找到烟花弹到达期望高度 h 的时间(见图 4.1)。首先,我们需要把问题从物理语言转化为数学语言。假设这个烟花弹的威力不大,可以把重力加速度 g 作为常数,它在所有高度处都是恒定的。我们也会忽略空气阻力。烟花弹的垂直位置 y 与飞行时间 t 的关系可以表示匀加速度运动方程:$y(t) = y_0 + vt - gt^2/2$,其中 y_0 是烟花弹发射时的初始高度,即 $y(0) = y_0$。因此,我们需要求解以下方程:

$$h = y(t) - y_0$$

替换已知参数,得到

$$h = vt - gt^2/2 \tag{4.2}$$

最后,我们使用替换关系 $t \rightarrow x$,$-g/2 \rightarrow a$,$v \rightarrow b$,$-h \rightarrow c$ 将该方程转化为标准二次方程,即式(4.1)。

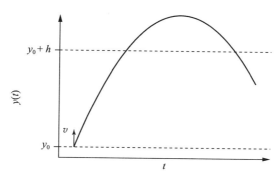

图 4.1 烟花弹高度与时间的关系

4.2 脚本

到目前为止,当我们与 MATLAB 交互时,会在命令窗口中按顺序输入命令。然而,如果需要执行重复的命令序列,那么使用这些命令创建一个单独的文件(即脚本文件)会更方便,更重要的是能减少错误。

脚本文件可以任意命名[⊖],但是应该以 .m 结尾,以标记该文件是 MATLAB 可执行文件。脚本文件本身就是一个简单的文本文件,它不但可以用 MATLAB 内置编辑器修改,而且可以使用文本编辑器编辑。

假设我们有一个名为 script1.m 的脚本文件,要执行脚本,需要在命令提示符后输入不带 .m 的脚本名称(即 script1)。MATLAB 将遍历脚本中列出的所有命令,就像我们逐个输入并执行它们一样。这样做的结果是它将修改工作空间中的变量,我们很快就会看到这一点。

二次方程求解脚本

在了解了脚本的定义之后,我们将使用脚本(即程序)求解二次方程:

⊖ 尽管脚本文件可以任意命名,但是最好选择一个能够反映脚本用途的文件名。

$$ax^2 + bx + c = 0$$

在开始编程之前，我们还需要在二次方程求解的数学原理上花点时间。二次方程一般有两个根——x_1 和 x_2，由下面的等式给出：

$$x_{1,2} = \frac{-b \pm \sqrt{b^2 - 4ac}}{2a}$$

这个方程解的 MATLAB 兼容表示形式如程序 4.1 所示，程序保存在文件 quadSolvScrpt.m 中。

程序 4.1   quadSolvScrpt.m（可从 http://physics.wm.edu/programming_with_MATLAB_book/./ch_functions_and_scripts/code/quadSolvScrpt.m 得到）

```
% solve quadratic equation  a*x^2 + b*x + c = 0
x1 = ( - b - sqrt( b^2 - 4*a*c ) ) / (2*a)
x2 = ( - b + sqrt( b^2 - 4*a*c ) ) / (2*a)
```

智慧之言

在代码中要多添加注释，即使你是唯一的目标读者，因为脚本完成两周之后，你自己可能都无法记起代码的确切用途了，也无法回想起为什么要做出某个特定的编程决策。

现在，定义系数 a，b，c，然后运行脚本求二次方程的根。我们需要执行以下代码：

```
>> a = 2; b =-8; c = 6;
>> quadSolvScrpt
x1 =
    1
x2 =
    3
```

注意观察，MATLAB 在工作空间中创建了变量 x1 和 x2，并将它们的值作为脚本输出结果。与往常一样，如果不想在命令行窗口输出 MATLAB 语句的执行结果，只需要在语句结尾添加 "；" 即可。

如果对不同系数的二次方程求解，只需要重新定义系数并再次运行脚本即可。

```
>> a = 1; b =3; c = 2;
>> quadSolvScrpt
x1 =
    -2
x2 =
    -1
```

需要注意的是，原来 x1 和 x2 的值被新值覆盖了。

使用脚本覆盖工作空间的变量非常方便。例如，你可能希望创建一组系数或通用常量，以便在 MATLAB 会话中进一步使用。请参阅程序 4.2 所示的示例脚本，它设置了一些通用常量。

程序 4.2　universal_constants.m（可从 http://physics.wm.edu/programming_with_
MATLAB_book/./ch_functions_and_scripts/code/universal_constants.m 得到）

```
% the following are in SI units
g = 9.8;  % acceleration due to gravity
c = 299792458; % speed of light
G = 6.67384e-11; % gravitational constant
```

结合 4.1.2 节讨论的例子，使用这个脚本可以很容易地计算出烟花的高度，例如，假设初始垂直速度是 $v=142\text{m/s}$，在给定时间 $t=10\text{s}$ 时烟花能达到的高度。由于脚本中定义了 g，我们只需要执行以下代码就能根据式（4.2）计算高度：

```
>> universal_constants
>> t=10; v= 142;
>> h = v*t - (g*t^2)/2
h =
  930
```

4.3　函数

通常，使用脚本并不是很好的做法，因为在处理复杂程序时，会受到修改工作空间变量的能力的限制。最好使用在执行之后只提供结果而不影响工作空间的代码。

在 MATLAB 中，这是通过**函数**来实现的。函数是包含如下结构的文件：

```
function [out1,out2,...,outN]=function_name(arg1,arg2,...,argN)
        %optional but strongly recommended function description
        set of expressions of the function body
end
```

请注意，函数文件名必须以 .m 结尾，开头必须与函数名相同，此例中的函数文件名即 function_name.m。

智慧之言

每行开头由制表符和空格形成的空白，虽然只是装饰，但大大提高了程序的可读性。

一个函数可能接受多个输入参数。参数名称可以任意指定，但是最好给它们设置更有意义的名字，也就是说，不能仅是 arg1，arg2，…，argN。例如，对于二次方程求解函数的输入参数，我们可以有比 a、b 和 c 更好的参数名称。同样，一个函数可也以有多个返回值，但它们必须在 function 关键字后的方括号（[]）中列出。返回参数的顺序完全是任意的，就像赋值名称一样。关于返回参数命名，使用 x1 和 x2 会比 out1 和 out2 更好。唯一的要求是返回参数需要在函数体中的某个位置进行赋值，但是不要担心，如果忘记给返回值赋值，MATLAB 会给出提示。

智慧之言

许多 MATLAB 内置函数都是通过遵循这些 .m 文件实现的。 可以阅读这些文件来学习 MATLAB 函数编程的技术和技巧。

二次方程求解函数

当开发一个函数时，通常会从脚本开始，不断调试它，然后用与函数相关的语句封装它。我们将修改二次方程求解脚本，使其成为有效的 MATLAB 函数，可参见程序 4.3。

程序 4.3　quadSolverSimple.m (可从 http://physics.wm.edu/programming_with_MAT-LAB_book/. /ch_functions_and_scripts/code/quadSolverSimple.m 得到)

```
function [x1, x2] = quadSolverSimple( a, b, c )
% solve quadratic equation   a*x^2 + b*x + c = 0
x1 = ( - b - sqrt( b^2 - 4*a*c ) ) / (2*a);
x2 = ( - b + sqrt( b^2 - 4*a*c ) ) / (2*a);
end
```

注意，我们需要将它保存为 quadSolverSimple.m 文件。现在，让我们看看如何使用函数：

```
>> a = 1; b =3; c = 2;
>> [x1, x2] = quadSolverSimple(a,b,c)
x1 =
    -2
x2 =
    -1
```

下面重点介绍 MATLAB 函数的一些重要特性。

```
>> x1=56;
>> clear x2
>> a = 1; b =3; cc = 2; c = 200;
>> [xx1, xx2] = quadSolverSimple(a,b,cc)
xx1 =
    -2
xx2 =
    -1
>> x1
x1 =
    56
>> x2
Undefined function or variable 'x2'.
```

注意，上述代码第一行中，我们将 x1 赋值为 56，最后检查 x1 变量的值，它仍然是 56。在程序 4.3 的函数定义中，变量 x1 作为二次方程的一个根，MATLAB 在函数体内对 x1 进行了赋值。然而，这个赋值不会影响工作空间中的 x1 变量。要注意的第二件事是函数给工作空间中的 xx1 和 xx2 变量赋了值，这是因为我们要求对这些变量赋值。这是

MATLAB 函数的另一个特性——函数在工作空间中给结果变量赋值，并以函数调用时用户要求的顺序来赋值。还要注意，由于在函数调用之前清除了变量 x2，函数执行之后并没有给 x2 变量赋值，尽管 quadSolverSimple 函数为了满足自己的需要在内部使用了它。最后，我们注意到函数显然没有使用 c=200 的赋值。相反，它使用了 cc=2，将其作为执行函数的第三个参数。因此，我们注意到在函数调用时的参数名称是无关紧要的，它们的位置才是最重要的。

可以简单地记住这一点：函数中发生的事件只停留在函数中，函数运行的结果保存在返回变量占位符中。

4.4　良好的编程实践

如果你是第一次学习编程，可以跳过这一部分。待熟练掌握函数和脚本的基本知识后，再回过头来学习此部分内容。

这里，我们在简单二次方程求解函数的基础上，讨论怎样以鲁棒和可管理的方式编写程序和函数。

4.4.1　简化代码

看一下程序 4.3 中给出的原始 quadSolverSimple 函数。乍一看，一切看起来都很好，但有一部分代码重复计算了两次，即 b^2-4 *a *c。MATLAB 会浪费时间再次计算上述表达式，更重要的是，这个表达式是方程判别式的定义，而判别式非常有用。此外，如果在代码中发现输入错误，很可能在它第二次出现时忘记修改，特别是在代码相隔较远的情况下。因此，我们将函数变换为程序 4.4 所示形式。

> **程序 4.4**　quadSolverImproved.m（可从 http://physics.wm.edu/programming_with_MATLAB_book/./ch_functions_and_scripts/code/quadSolverImproved.m 得到）
>
> ```
> function [x1, x2] = quadSolverImproved( a, b, c )
> % solve quadratic equation  a*x^2 + b*x + c = 0
> D = b^2 - 4*a*c;
> x1 = ( - b - sqrt( D ) ) / (2*a);
> x2 = ( - b + sqrt( D ) ) / (2*a);
> end
> ```

4.4.2　试着预见非预期行为

上面的函数看起来好多了，但是如果判别式是负的呢？那样，我们就无法提取平方根，函数运行也会失败（从技术上讲，可以对负数开方，但这涉及复数操作，这里我们认为这是非法的）。因此，需要检查判别式是否为正，如果不为正，则产生一条错误提示消息。对于后者，可以使用 MATLAB 的 error 函数实现，该函数停止程序执行并在命令窗口中生成用户定义的消息，参见程序 4.5。

程序 4.5 quadSolverImproved2nd.m(可从 http://physics.wm.edu/programming_with_ MATLAB_book/./ch_functions_and_scripts/code/quadSolverImproved2nd.m 得到)

```
function [x1, x2] = quadSolverImproved2nd( a, b, c )
% solve quadratic equation  a*x^2 + b*x + c = 0
D = b^2 - 4*a*c;
if ( D < 0 )
    error('Discriminant is negative: cannot find real
        roots');
end
x1 = ( - b - sqrt( D ) ) / (2*a);
x2 = ( - b + sqrt( D ) ) / (2*a);
end
```

4.4.3 运行测试用例

现在，我们的二次方程求解程序看起来相当完善，不太可能出错，不过你一旦得出这样的结论，就应该在脑海里敲响警钟：我变得太放松了，是时候检查代码了。请记住，**永远不要发布或使用没有检查过的代码**⊖。

有了这个座右铭，我们将从测试自己的代码开始，这通常称为**运行测试用例**。理想情况下，测试应该覆盖所有可能的输入参数，尽管这显然是不可能的。我们至少使用一个用例来测试程序，确保程序能得到正确的答案，而且需要以独立的方式来验证这个答案。这通常意味着使用纸和笔来验证。我们还需要用随机的输入参数来验证程序，检测它的鲁棒性。

首先，要再次检查函数的正确性。我们将使用足够简单的数字，只需要动脑就能计算。实际上，我们已经在本章之前的测试运行中计算过了，但是你永远不要觉得测试已经足够多了，所以我们再测试一次。

```
>> a = 1; b = -3; c = -4;
>> [x1,x2] = quadSolverImproved2nd(a, b, c)
x1 =
    -1
x2 =
     4
```

很容易看出以下方程成立$(x-4)*(x+1)=x^2-3x-4=0$，上面程序求出的根满足系数 $a=1$，$b=-3$ 和 $c=-4$ 的二次方程。**注意，不要使用同样的代码进行正确性验证，**

⊖ 这句话对你自己的程序、从别人那里得到的代码都适用，即使代码来源非常值得信赖、信誉良好。你或许认为大型软件公司拥有大量的经验，能够生成"防弹"的高质量代码。但实际上这些公司的经验不能保证代码没有错误。笔者见过的所有软件包都有一个类似的条款："本程序不提供保修。程序质量和性能的全部风险由你承担。如果程序被证明存在缺陷，你将承担所有必要的维护、修复或纠正的成本"（原文可参见 GPL 许可证）。原文采用大写字母进行强调，因此，我们应该认真对待。此外，回想一下 MATLAB 的许可协议，在开始使用 MATLAB 时就要同意这个协议。MATLAB 用一种委婉的方式表达了"全部程序、文档和软件维护服务都是按 MathWorks 公司的原样交付，许可方不享有任何额外的明示或暗示保证"这一意思。

此处强调性的词语似乎也与编程艺术无关。但是，作者确实花了大量的时间，绞尽脑汁地从他的代码中发现错误，并发现了源于别人代码中的问题(这并不是说笔者的代码就不会出错)。所以，要验证每段代码。

应该使用一些独立的方法。

现在，验证判别式为负的情况：

```
>> a = 1; b = 3; c = 4;
>> [x1,x2] = quadSolverImproved2nd(a, b, c)
Error using quadSolverImproved2nd (line 5)
Discriminant is negative: cannot find real roots
```

正如预期的那样，程序中给出了错误消息。

4.4.4 检查并清理输入参数

再看一个测试：

```
>> a = 0; b = 4; c = 4;
>> [x1,x2] = quadSolverImproved2nd(a, b, c)
x1 =
  -Inf
x2 =
  NaN
```

$a=0$ 的方程(简化为 $bx+c=4x+4=0$)不可能出现一个根为无穷大，而另一个根为 NaN(表示不是一个数字)的情况。我们不需要用计算器就能得出这个方程的根是 -1，为什么程序会得出这样的结果？

仔细检查程序 4.5 中的代码，问题就出在除以 $2a$ 这一部分，在这个例子中 a 是 0。这个操作是未定义的，不幸的是，MATLAB 试图不产生错误消息。有时这是受欢迎的，但现在不是，所以我们需要加以控制：对 $a=0$ 的情况进行单独处理，得出解 $x_1=x_2=-c/b$。显然，我们也需要处理 $a=b=0$ 的情况。因此，最终的二次方程求解函数如程序 4.6 所示。

程序 4.6 quadSolverFinal.m (可从 http://physics.wm.edu/programming_with_MATLAB_book/./ch_functions_and_scripts/code/quadSolverFinal.m 得到)

```
function [x1, x2] = quadSolverFinal( a, b, c )
% solve quadratic equation  a*x^2 + b*x + c = 0

% ALWAYS check and sanitize input parameters
if ( (a == 0) & (b == 0) )
    error('a==0 and b==0: impossible to find roots');
end

if ( (a == 0) & (b ~= 0) )
    % special case: we essentially solve b*x = -c
    x1 = -c/b;
    x2=x1;
else
    D = b^2 - 4*a*c; % Discriminant of the equation
    if ( D < 0 )
        error('Discriminant is negative: no real roots');
    end
    x1 = ( - b - sqrt( D ) ) / (2*a);
    x2 = ( - b + sqrt( D ) ) / (2*a);
end
end
```

4.4.5　判断解是否符合实际

要使简单的函数按规范执行，需要做大量的工作。现在，让我们使用刚才的代码来求解动机引例。

从 4.1.1 节中描述的利率问题开始。假设我们最初有 10000 美元（$Ms=10000$），而期望的最终金额为 20000 美元（$Mc=20000$），因此：

```
>> a = 1/100^2; b = 1/50; c = 1 - 20000/10000;
>> [p1,p2] = quadSolverFinal(a, b, c)
p1 =
 -241.4214
p2 =
   41.4214
```

乍一看，一切都很好，因为我们获得了两个解决方案，所需的利率为 -241.4% 和 41.4%，但如果仔细观察，我们会发现负的百分比意味着我们每年都亏欠银行，所以账户金额每年都会下降，这与我们想要增加资金的愿望相反。

得出这种"不现实"的解的原因是什么？这个问题的真正含义在转化为数学形式时就消失了。一旦有了 $(1+r)^2$ 项，计算机就不关心平方数是负数还是正数，因为它能产生有效的方程根，但人们都在乎结果的正负。

我们又得到了一个重要经验：**要由人来确定解是否有效**。不要盲目相信计算机产生的解，因为它们不关心问题的现实或物理意义。

4.4.6　良好的编程实践总结

- 预想到问题点。
- 审查输入参数。
- 在代码中添加大量注释。
- **运行测试用例**。
- 检查解的意义，排除不切合实际的解。
- 修复问题点并重新检查。

4.5　递归函数和匿名函数

在学习后面的内容之前，我们需要考虑几个特殊的函数用例。

4.5.1　递归函数

函数可以调用其他函数（这并不奇怪，否则它们就没用了），也可以调用自己（这叫作**递归**）。如果我们深入探讨，可知函数递归的次数是有限制的，这是因为计算机内存大小有限，每次调用函数都需要计算机保留一定的内存空间以供以后调用。

回顾一下 4.1.1 节中讨论的存款增长问题。现在，我们想要计算出在一定年限后，包括利息在内的存款金额。N 年后存款金额（Av）等于前一年（$N-1$）的存款金额乘以增长系

数 $(1+p/100)$。假设最初投入的金额为 Ms，可以根据下式计算最终的存款金额：

$$Av(N) = \begin{cases} Ms & ,N = 0 \\ (1+p/100) \times Av(N-1) & ,N > 0 \end{cases} \qquad (4.3)$$

这个方程类似于典型的递归函数，函数调用自己来计算最终值。该函数的 MATLAB 实现如程序 4.7 所示：

程序 4.7　accountValue.m(可从 http://physics.wm.edu/programming_with_MATLAB_book/./ch_functions_and_scripts/code/accountValue.m 得到)

```
function Av = accountValue( Ms, p, N)
% calculates grows of the initial account value (Ms)
% in the given amount of years (N)
% for the bank interest percentage (p)

% We sanitize input to ensure that stop condition is possible
    if ( N < 0 )
        error('Provide positive and integer N value');
    end
    if ( N ~= floor ( N ) )
        error ('N is not an integer number');
    end

% Do we meet stop condition
    if ( N == 0 )
        Av = Ms;
        return;
    end

    Av = (1+p/100)*accountValue( Ms, p, N-1 );
end
```

让我们看一看，如果存款年增长百分比为 5，初始金额为 535 美元(Ms=\$535)，那么 10 年后存款增长为多少：

```
>> Ms=535; p=5; N=10; accountValue(Ms, p, N)
ans =
  871.4586
```

4.5.2　匿名函数

匿名函数起初看起来容易混淆，但是有些情况下却很有用，例如在一个函数应该调用另一个函数时，或者需要使用一个短期函数时，匿名函数足够简单，它甚至只需要一行代码即可实现。

举一个例子，假设在某些计算中需要用到以下函数：$g(x) = x^2 + 45$，它显然非常简单，可能只在一个会话中使用，因此没有必要为这个函数创建完整的 .m 文件。此时，我们可以定义一个匿名函数：

```
>> g = @(x) x^2 + 45;

>> g(0)
ans =
    45
>> g(2)
ans =
    49
```

匿名函数 g 的定义出现在上述代码的第一行，其余他们的代码中只是用来证明它是正常工作的几个例子。@ 符号表示正在为函数（变量为 x）定义**句柄**⊖，此处函数句柄由@(x)表示，其余部分是函数体。函数体必须只由一个 MATLAB 语句组成，而且只产生一个输出。

匿名函数也可以是多变量的函数，如下所示：

```
>> h = @(x,y) x^2 - y + cos(y);
>> h(1, pi/2)
ans =
    -0.5708
```

当定义一个需要调用其他函数的函数，而所调用函数的部分参数是常数时，匿名函数可能是最有用的。例如，对于固定的 $y=0$，我们可以沿着 x 维度"切分"函数 $h(x, y)$，即定义 $h_1(x)=h(x, 0)$：

```
>> h1 = @(x) h(x,0);
>> h1(1)
ans =
     2
```

匿名函数另一个有用的特性是能够在定义时使用工作空间中的变量：

```
>> offset = 10; s = @(x) x + offset;
>> clear offset
>> s(1)
ans =
    11
```

注意，在这个脚本中，变量 offset 在函数 s 执行时已清除，但函数仍然可以工作，这是因为 MATLAB 在定义函数时已经使用了变量的值。

我们还可以借助 MATLAB 的内置函数 integral 对下式求值：

$$\int_0^{10} s(x)\mathrm{d}x$$

```
>> integral(s,0,10)
ans =
   150
```

智慧之言

应尽量避免使用脚本。相反，可以将脚本转换成函数。从长远来看，使用函数更安全，因为这样就不用担心它会以不可预测的方式影响或改变工作空间中的变量。

4.6 自学

习题 4.1

编写 MATLAB 脚本计算下式：

$$1 + \sum_{i=1}^{N} \frac{1}{x^i}$$

⊖ 句柄（handle）是一个特殊的变量类型，提供了一种 MATLAB 存储和访问函数的方法。

其中 $N=10$，$x=0.1$。从现在开始，可以尝试使用循环。

习题 4.2

假设 $N=100$，编写脚本计算下式：

$$S_N = \sum_{k=1}^{N} a_k$$

其中：

$$\begin{cases} a_k = 1/k^{2k}, k \text{ 为奇数} \\ a_k = 1/k^{3k}, k \text{ 为偶数} \end{cases}$$

提示：你会发现函数 mod 对于判断奇数和偶数很有用。

习题 4.3

编写函数 mycos，通过 N 阶泰勒级数计算给定点 x 处的 $\cos(x)$。函数定义如下：

`function cosValue = mycos(x, N)`

它能很好地处理 x 值很大的情况吗？例如，$x=10\pi$。泰勒级数展开多少项才能达到 10^{-4} 的绝对精度？你认为合理的展开项 N 是多少（不需要多于一位有效数字）？为什么？

习题 4.4

下载数据文件 hwOhmLaw.dat ⊖，它表示某人试图通过测量电压降（V，即第一列中的数据）和电流（I，即第二列中的数据，在相同条件下通过电阻的电流）来计算样本的电阻大小。从样本的数量来看，这是要自动测量的。

● 使用欧姆定律 $R=V/I$，计算样本的电阻（R）（在这一步中不需要把每个点都打印出来）。

● 估计样本的电阻（即计算平均电阻），并估算估计误差（即找到标准差）。

对于标准差，请使用以下定义：

$$\sigma(x) = \sqrt{\frac{1}{N-1} \sum_{i=1}^{N} (x_i - \overline{x})^2}$$

其中，x 表示数据点的集合（向量）；$\overline{x}$ 为数据平均值；N 是数据集合中数据点的数量。

在你的解决方案中**不要**使用标准的内置 mean 函数和 std 函数，请用自己的代码来完成它，但是可以使用这些 MATLAB 函数进行对比测试。

请注意查阅 MATLAB 中 std 函数的帮助文档。

习题 4.5

假设你使用的是一台没有内置乘法运算的旧计算机。对于两个整数 x 和 y（任何一个数都可以是负数、正数或者 0），编写 mult(x,y) 函数，返回 $x*y$ 的值。不要使用 MATLAB 的"*"运算符，但可以使用循环和条件语句，以及"+""-"运算符。函数定义如下：

`function product = mult(x, y)`

Programming with MATLAB for Scientists：A Beginner's Introduction

使用 MATLAB 求解日常问题

线性代数方程组求解

本章开启了本书的第二部分，这一部分主要介绍 MATLAB 在日常问题求解中的应用。本章首先列举一个儿童风铃的例子，然后利用 MATLAB 内置求解器探索各种可用的求解方法（如逆矩阵法和不需要用逆矩阵计算的方法）。接着，又介绍了一个惠斯通电桥电路的例子。

5.1 风铃问题

根据以下情景创建一个数学问题：有人提供了 6 个玩偶和 3 个细杆，我们利用这些来做孩子的风铃。首先需要计算玩偶的悬挂位置（即长度 x_1，x_2，$\cdots$，x_6）来获得一个平衡系统。我们的风铃看起来就像图 5.1 所示，一个好看的风铃应该处于平衡状态，也就是说所有的悬挂臂必须接近水平。在这里，我们将悬挂的玩偶简单地记作重量 w_1，w_2，$\cdots$，w_6，而不考虑它们是鱼、云朵还是其他的物品。本着同样的原则，我们假设细杆的长度 L_{12}、L_{34}、L_{56} 已知，它们的重量忽略不计。

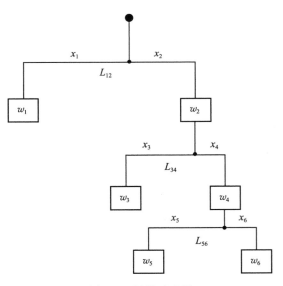

图 5.1　风铃示意图

如果系统处于平衡状态，那么每个支点的力矩都将为 0，以此构造如下方程：

$$w_1 x_1 - (w_2 + w_3 + w_4 + w_5 + w_6) x_2 = 0 \tag{5.1}$$

$$w_3 x_3 - (w_4 + w_5 + w_6) x_4 = 0 \tag{5.2}$$

$$w_5 x_5 - w_6 x_6 = 0 \tag{5.3}$$

我们还需要 3 个方程：

$$x_1 + x_2 = L_{12} \tag{5.4}$$

$$x_3 + x_4 = L_{34} \tag{5.5}$$

$$x_5 + x_6 = L_{56} \tag{5.6}$$

定义 $w_{26} = w_2 + w_3 + w_4 + w_5 + w_6$ 和 $w_{46} = w_4 + w_5 + w_6$ 来简化式(5.1)～式(5.3)，然后写出完整的方程组：

$$w_1 x_1 - w_{26} x_2 = 0 \tag{5.7}$$

$$w_3 x_3 - w_{46} x_4 = 0 \tag{5.8}$$

$$w_5 x_5 - w_6 x_6 = 0 \tag{5.9}$$

$$x_1 + x_2 = L_{12} \tag{5.10}$$

$$x_3 + x_4 = L_{34} \tag{5.11}$$

$$x_5 + x_6 = L_{56} \tag{5.12}$$

现在，将每一个方程写成包含 x_1，x_2，$\cdots$，x_6 的形式，即使某些未知数前面的系数为 0：

$$
\begin{aligned}
w_1 x_1 - w_{26} x_2 + 0x_3 + 0x_4 + 0x_5 + 0x_6 &= 0 \\
0x_1 + 0x_2 + w_3 x_3 - w_{46} x_4 + 0x_5 + 0x_6 &= 0 \\
0x_1 + 0x_2 + 0x_3 + 0x_4 + w_5 x_5 - w_6 x_6 &= 0 \\
1x_1 + 1x_2 + 0x_3 + 0x_4 + 0x_5 + 0x_6 &= L_{12} \\
0x_1 + 0x_2 + 1x_3 + 1x_4 + 0x_5 + 0x_6 &= L_{34} \\
0x_1 + 0x_2 + 0x_3 + 0x_4 + 1x_5 + 1x_6 &= L_{56}
\end{aligned} \tag{5.13}
$$

通过式(5.13)，可以看出方程组的结构，并重新写出它的规范形式。

线性方程组的矩阵形式

$$\boldsymbol{Ax} = \boldsymbol{B} \tag{5.14}$$

它是下式的简化形式：

$$\sum_j A_{ij} x_j = B_i \tag{5.15}$$

将 $\boldsymbol{A}$、$\boldsymbol{x}$、$\boldsymbol{B}$ 以矩阵形式书写完整：

$$
\begin{pmatrix}
w_1 & -w_{26} & 0 & 0 & 0 & 0 \\
0 & 0 & w_3 & -w_{46} & 0 & 0 \\
0 & 0 & 0 & 0 & w_5 & -w_6 \\
1 & 1 & 0 & 0 & 0 & 0 \\
0 & 0 & 1 & 1 & 0 & 0 \\
0 & 0 & 0 & 0 & 1 & 1
\end{pmatrix}
\begin{pmatrix}
x_1 \\ x_2 \\ x_3 \\ x_4 \\ x_5 \\ x_6
\end{pmatrix}
=
\begin{pmatrix}
0 \\ 0 \\ 0 \\ L_{12} \\ L_{34} \\ L_{56}
\end{pmatrix} \tag{5.16}
$$

我们稍后再对风铃问题进行深入讨论，先探讨一般求解线性方程组的可能方法。我们将在 5.3 节重新讨论风铃问题。

5.2   MATLAB 内置求解器

求解线性代数方程组的方法有很多,它们通常包含在线性代数类中。幸运的是,由于这类问题的重要性,有许多不同的现成库可以有效地解决这种问题。因此,我们将跳过这些方法的内部细节,直接使用 MATLAB 的内置函数和运算符。

5.2.1   逆矩阵法

式(5.14)有这样的解析解,在等号的左右两边同时乘以 A 的逆矩阵。

$$A^{-1}Ax = A^{-1}B \tag{5.17}$$

由于 $A^{-1}A$ 等于单位矩阵,因而可以省略。

解析解

$$x = A^{-1}B \tag{5.18}$$

只适用于矩阵 A 的行列式不等于 0 的情况,即 $\det(A) \neq 0$。

逆矩阵法的 MATLAB 实现

$$x = inv(A) *B; \tag{5.19}$$

这种简单、直接的实现方法是有代价的,主要是因为逆矩阵的计算成本很高。

5.2.2   无逆矩阵计算的方法

如果你曾经亲自解过线性方程组,就会知道有些方法是不需要逆矩阵的,比如代数课上常教的高斯消去法。由于此方法的目标只是获得没有任何边界跟踪的解,因此其实现通常要快得多。

根据这个思路,MATLAB 有自己的求解方法。

基于左除运算的 MATLAB 方法

$$x = A \backslash B; \tag{5.20}$$

5.2.3   选用哪种方法

左除法比式(5.19)给出的逆矩阵法快得多,特别是当矩阵 A 的维数大于 1000×1000 时。尽管如此,在某种情况下我们还是会使用逆矩阵法。典型例子就是矩阵 A 不发生变化,而向量 B 发生改变时对方程组进行求解。对于风铃问题来说,就是保持相同的玩偶重量,而杆的长度可以发生改变。在这种情况下,我们可以预先进行一次 A 的逆矩阵计算,这一步需要花费一些时间,然后对不同的向量 B 可以重复使用这个逆矩阵。与矩阵逆运算或左除运算相比,矩阵乘法几乎不需要花费时间。

我们用一个"合成"示例来演示它。我们用随机元素生成矩阵 A 和向量 B,用命令 tic 和 toc 记录程序执行时间。

```
Sz = 4000; % matrix dimension
A = rand(Sz, Sz);
B = rand(Sz, 1);
tStart = tic;
x=A \ B;
tElapsed = toc(tStart);
```

执行时间 tElapsed＝1.25s [⊖]。

对相同的矩阵 **A** 和 **B**，现在测试逆矩阵方法的计算时间：

```
tStart = tic;
invA = inv(A);
x= invA * B;
tElapsed = toc(tStart);
```

在这种情况下，tElapsed＝3.60s，是原来的 2 倍以上。当只有 **B** 改变时，让我们看看重新求解时会发生什么。

```
B = rand(Sz, 1); % new vector B
tStart = tic;
x= invA * B; % invA is already precalculated
tElapsed = toc(tStart);
```

在这种情况下，tElapsed＝0.05s，比原来的任何算法都要快一个数量级。

5.3　用 MATLAB 求解风铃问题

现在，我们具备了解决 5.1 节中风铃问题的能力。我们需要给玩偶重量和杆的长度分配具体数值，例如，假设 $w_1=20$，$w_2=5$，$w_3=3$，$w_4=7$，$w_5=2$，$w_6=3$，$L_{12}=2$，$L_{34}=1$，$L_{56}=3$。由此可以得到 $w_{26}=20$，$w_{46}=12$。通过这些定义，式(5.16)中的符号矩阵变为：

$$
\begin{pmatrix}
20 & -20 & 0 & 0 & 0 & 0 \\
0 & 0 & 3 & -12 & 0 & 0 \\
0 & 0 & 0 & 0 & 2 & -3 \\
1 & 1 & 0 & 0 & 0 & 0 \\
0 & 0 & 1 & 1 & 0 & 0 \\
0 & 0 & 0 & 0 & 1 & 1
\end{pmatrix}
\begin{pmatrix}
x_1 \\ x_2 \\ x_3 \\ x_4 \\ x_5 \\ x_6
\end{pmatrix}
=
\begin{pmatrix}
0 \\ 0 \\ 0 \\ 2 \\ 1 \\ 3
\end{pmatrix}
\tag{5.21}
$$

定义完毕，我们已经准备好对它编程了。

程序 5.1　mobile.m(可从 http://physics.wm.edu/programming_with_MATLAB_book/./ch_functions_and_scripts/code/mobile.m 获得)

```
A=[ ...
20, -20,  0,   0,  0,   0; ...
 0,   0,  3, -12,  0,   0; ...
 0,   0,  0,   0,  2,  -3; ...
 1,   1,  0,   0,  0,   0; ...
```

⊖　因为执行时间依赖于硬件，所以你的执行时间将有所不同。但是，这种方法消耗的时间与随后两种方法消耗的时间的比率将大致相同。

```
  0,  0,  1, `1,  0,  0;...
  0,  0,  0,  0,  1,  1;...
  ]
B= [ 0; 0; 0; 2; 1; 3 ]
% 1st method
x=inv(A)*B
% 2nd method
x=A\B
```

这两种方法得到的结果都是一样的：

```
x =
  1.0000
  1.0000
  0.8000
  0.2000
  1.8000
  1.2000
```

解的验证

对计算结果进行验证是个好主意。为此，我们将式(5.14)重写为如下形式：

$$Ax - B = 0 \qquad (5.22)$$

这里 **0** 表示零向量。

我们执行以下验证过程：

```
>> A*x-B
  1.0e-15 *
      0
      0
      0
      0
  0.2220
      0
```

一般来说我们期望结果所有的值都为 0，但是结果向量的一些元素不是 0。这意味着程序出错了吗？这里并不是这样。我们应该回忆一下 1.5 节介绍的舍入误差。验证结果与 0 的偏差比 A、B 元素的典型值小很多个数量级，因此，一切都和预期的一样。

5.4 示例：惠斯通电桥问题

在电子学中常常会出现线性方程组，例如需要计算电路中的电流和各部件之间的电压降时。

图 5.2 给出了典型的惠斯通电桥电路。关于这种电路，常见问题就是求解它的等效电阻。如果你对电路有一定了解，可能会尝试把这个电路简化成串联或者并联电路。但实际上除了一些特殊情况外，这是行不通的。

解决这个问题的正确方法是将一个假想的电源连接到电桥电路的两端（见图 5.3），计算从电源流出的电流(I_6)，并应用欧姆定律计算电阻：

$$R_{\text{eq}} = \frac{V_b}{I_6} \qquad (5.23)$$

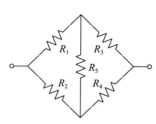

图 5.2　惠斯通电桥电路

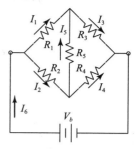

图 5.3　连接电源的惠斯通电桥

要找到所有的电流，我们需要使用两次基尔霍夫（Kirchhoff）定律：流入和流出节点的电流之和为 0（参见程序 5.2 中的前 3 个方程），并且完整回路中的总电压降为 0（剩下的 3 个方程）。对于已知的电阻值 R_1，R_2，$\cdots$，R_5 和电源电压 V_b（可以设置为任何我们喜欢的数值），这形成了 6 个关于未知电流（I_1，I_2，$\cdots$，I_6）的线性方程。这些公式在程序 5.2 中列出。

程序 5.2　wheatstone_bridge.m（可从 http://physics.wm.edu/programming_with_MAT-LAB_book/./ch_functions_and_scripts/code/wheatstone_bridge.m 获得）

```
%% Wheatstone bridge calculations
R1=1e3; R2=1e3; R3=2e3; R4=2e3; R5=10e3;
Vb=9;
A=[
  -1, -1,  0,   0,  0,  1;  % I1+I2=I6   eq1
   1,  0, -1,   0,  1,  0;  % I1+I5=I3   eq2
   0,  1,  0,  -1, -1,  0;  % I4+I5=I2   eq3
%  0,  0,  1,   1,  0, -1;  % I3+I4=I6   eq4
% above would make a  linear combination
% of the following  eq1+eq2=-(e3+eq4)
   0,  0, R3, -R4, R5,  0;  % R3*I3+R5*I5=R4*I4 eq4a
  R1,  0, R3,   0,  0,  0;  % R1*I1+R3*I3=Vb     eq5
 -R1, R2,  0,   0, R5,  0   % R2*I2+R5*I5=R1*I1 eq6
]
B=[0; 0; 0; 0; Vb; 0];

% Find currents
I=A\B

% equivalent resistance of the Wheatstone bridge
Req=Vb/I(6)
```

运行上面的脚本，我们将看到结果 Req＝1500Ω。

还有一个问题：我们建立的方程组是否正确？可以看出，如果 $R_1/R_2＝R_3/R_4$，对于 R_5 取任何值，都存在 $I_6＝0$ [⊖]。可以在程序 5.2 的代码中设置相应的电阻来验证这种情况。

⊖　在廉价的校准万用表普及之前，通常会调整"可变"电阻（如 R_4），直到 I_5 为 0，以此来测量未知电阻（如 R_3），这种方法只需要一个电流计。如果 R_1 和 R_2 已知，则 $R_3＝R_4\times R_1/R_2$。这就是惠斯通电桥电路如此重要的原因。

5.5　自学

习题 5.1

通过平面内任意三点可以绘制一条抛物线。求抛物线 $y = ax^2 + bx + c$ 的系数 a、b 和 c，它通过点 $p_1 = (10, 10)$、$p_2 = (2, 12)$ 和 $p_3 = (12, 10)$。将你的结果与 polyfit 函数的输出结果进行比较。

习题 5.2

通过平面上的五点可以求一个四次多项式。求通过点 $p_1 = (0, 0)$、$p_2 = (1, 0)$、$p_3 = (2, 0)$、$p_4 = (3, 1)$、$p_5 = (4, 0)$ 的四次多项式的系数。将你的计算结果与 polyfit 函数的输出结果进行比较。

习题 5.3

对于惠斯通电桥电路，设置相应电阻值满足 $R_1/R_2 = R_3/R_4$，验证对于任何 R_5，都有 $I_5 = 0$。

数据约简与拟合

数据约简和拟合在很多情况下都很有必要，MATLAB 对解决这类问题很有帮助。本章首先给出了数据拟合的定义，提供一个有效的示例。然后，讨论参数不确定性估计问题，以及如何评估和优化拟合结果。

6.1 数据约简与拟合的必要性

现代的实验产生大量的数据，但是人类通常不能同时操作多个参数或想法。因此，非常大的原始数据集实际上是无用的，除非通过有效、一致和可靠的方法将数据约简到更易于管理的规模。此外，科学本质上是归纳，寻求规律定义公式和方程，对原始数据反映的现实进行模拟和建模，其中数据约简和拟合是科学研究和调查的关键方面。

在还没有计算机的年代，最常用的数据约简方法是计算数据样本的均值和标准差。这些方法现在仍然很流行。然而，它们的预测和建模能力非常有限。

理想情况下，人们希望构建一个只有几个自由（可修改）参数的模型，去描述或拟合数据样本。那些经几代科学家证明为正确的良好模型，已经提升到了可以媲美自然法则的程度。

> **智慧之言**
> 我们应该记住没有所谓的法则；只有用来解释当前观测的假设，这些假设还没有被未知领域的新数据证明是错误的。一旦收集到足够的证据来强调模型和实验之间的差异，经典物理学定律就可能被量子力学所取代。

拟合是寻找自由参数最佳值的过程。模型选择不在数据拟合算法的范围之内。从科学的角度来看，模型实际上是数据约简过程中最重要的部分。

拟合过程的结果是重要参数数值的集合，同时也是判断所选模型是否良好的重要参考。

6.2 拟合的正式定义

假设有人测量了实验参数集 $\vec{y}$ 对另一个参数集 $\vec{x}$ 的依赖性。我们要通过拟合模型函数提取未知的模型参数 p_1，p_2，$p_3 \cdots = \vec{p}$（即找到最佳的 $\vec{p}$），模型函数依赖于 $\vec{x}$ 和 $\vec{p}$：$f(\vec{x}, \vec{p})$。通常，$\vec{x}$ 和 $\vec{y}$ 是向量，即多维数据。

示例

- $\vec{x}$ 向量表示汽车的速度和负载重量。

- $\vec{y}$ 向量表示汽车的油耗、发动机温度和下次维修时间。

为了简单起见，我们重点讨论一维向量的情况，下面将省去 x 和 y 上面的向量符号。

拟合优度

观察图 6.1，可以看到一些数据点 (x_i, y_i) 和一条拟合线，拟合线反映了模型与给定的拟合参数集之间的相关性。拟合线上的重要点满足 x_i：$y_{f_i} = f(x_i, \vec{p})$。

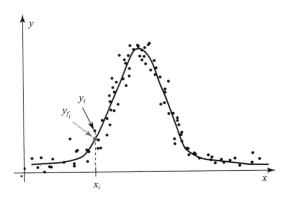

图 6.1   数据点和拟合曲线

我们需要定义一个正式的方法来估计拟合优度（拟合效果好坏），其中比较成熟的方法是 χ^2 检验（卡方检验）：

$$\chi^2 = \sum_i (y_i - y_{f_i})^2$$

$(y_i - y_{f_i})$ 的差值称为**残差**。因此，χ^2 本质上是数据和拟合曲线上对应点之间距离的平方和。

对于给定的集合 $\{(x_i, y_i)\}$ 和模型函数 f，拟合优度 χ^2 仅取决于模型或拟合函数的参数向量 $\vec{p}$。拟合算法的工作原理很简单：使用适当的算法，找到最佳参数集 $\vec{p}$，使得 χ^2 最小，也就是说，执行"最小二乘"拟合。因此，拟合算法是优化问题算法的子类（见第13 章）。

幸运的是，我们不必担心拟合算法的实现，因为 MATLAB 有专门的拟合工具箱来完成这项工作。拟合工具箱中最有用的函数是 fit，它控制数据拟合的大多数工作。拟合函数的计算速度比一般优化算法快，因为它们专注于依赖 χ^2 的特定二次函数优化。

6.3   数据拟合示例

到目前为止，这些内容看起来相当枯燥，所以我们先看一个拟合的例子。假设数据文件 data_to_fit.dat⊖中存储了一组数据点，如图 6.2 所示，它看起来像来自共振轮廓响应或典型光谱实验的数据。

⊖   文件下载地址：http://physics. wm. edu/programming_with_MATLAB_book/. /ch_fitting/data/data_to_fit. dat。

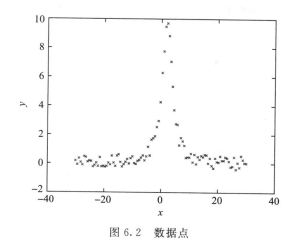

图 6.2　数据点

我们的首要任务是选择一个可以描述数据的模型。然而，这并不是计算机应该负责的工作，而是应该由分析人员负责。对于本例，我们选择洛伦兹（Lorentzian）形状来拟合数据：

$$y = \frac{A}{1 + \left(\dfrac{x - x_0}{\gamma}\right)^2} \tag{6.1}$$

其中：

A 表示峰值幅度；

x_0 表示峰的位置；

γ 表示半最大电平时的峰值半宽。

由于数据的 y 值都在远离共振的 0 附近，因此我们不再寻找额外的背景和偏移项。总的来说，可以用 3 个自由参数来拟合数据：A、x_0 和 γ。这 3 个参数足以描述实验数据，其结果使得需要存储的数据量急剧减少。

程序 6.1 演示了数据拟合的过程。

程序 6.1　Lorentzian_fit_example.m（可从 http://physics.wm.edu/programming_with_MATLAB_book/./ch_fitting/code/Lorentzian_fit_example.m 获得）

```
%% load initial data file
data=load('data_to_fit.dat');
x=data(:,1); % 1st column is x
y=data(:,2); % 2nd column is y

%% define the fitting function with fittype
% notice that it is quite human readable
% Matlab automatically treats x as independent variable
f=fittype(@(A,x0,gamma, x) A ./ (1 +((x-x0)/gamma).^2) );

%% assign initial guessed parameters
% [A, x0, gamma] they are in the order of the appearance
% in the above fit function definition
pin=[3,3,1];

%% Finally, we are ready to fit our data
[fitobject] = fit (x,y, f, 'StartPoint', pin)
```

拟合过程实际上只发生在程序的最后一行，即 `fit` 函数执行时。其他代码都是为拟合函数的模型和数据做准备。拟合结果（3 个自由参数的值）包含在结果结构体 `fitobject` 中。我们来查看它们的结果及置信区间：

```
fitobject =
    General model:
    fitobject(x) = A./(1+((x-x0)/gamma).^2)
    Coefficients (with 95% confidence bounds):
      A =          9.944  (9.606, 10.28)
      x0 =         1.994  (1.924, 2.063)
      gamma =      2.035  (1.937, 2.133)
```

通过可视化方法来检测拟合效果是一个好主意，我们执行如下代码：

```
%% Let's see how well our fit follows the data
plot(fitobject, x,y, 'fit')
set(gca,'FontSize',24); % adjusting font size
xlabel('x');
ylabel('y');
```

生成的数据点和拟合曲线如图 6.3 所示。

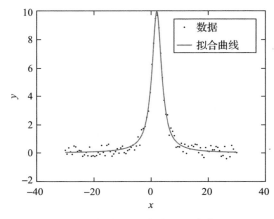

图 6.3　数据点和洛伦兹拟合曲线

6.4　参数不确定性估计

如何估计参数的置信区间？当然，由于 MATLAB 算法隐藏了具体细节，所以我们不知道这些细节。但下面是其中一个可能的方法：假设我们找到了一组最佳自由参数 $\vec{p}$，使得 χ^2 的值最小，那么第 i 个参数 Δp_i 的不确定性可以通过以下方程进行估计：

$$\chi^2(p_1, p_2, p_3, \cdots, p_i + \Delta p_i \cdots) = 2\chi^2(p_1, p_2, p_3, \cdots, p_i \cdots) = 2\chi^2(\vec{p}) \tag{6.2}$$

由于自由参数通常是耦合的，这是对该问题的简化处理。参考文献[4]中讨论了这个问题的正确处理方法。

6.5　拟合结果评估

数据拟合曲线的可视化是评估拟合质量的必然步骤，不应该跳过这个步骤，但是我们还需要一套更正式的规则。

良好的拟合应具有以下特性：

1）拟合应使用尽可能少的参数。

如果有足够多的拟合参数，你得到的拟合结果可以是零残差。但是这在物理上很难实现，因为实验数据在测量中总是存在不确定性。

2）残差应随机散布在 0 左右，并且没有明显的趋势。

3）残差的均方根 $\sigma = \sqrt{\dfrac{1}{N}\sum_{i}^{N}(y_i - y_{f_i})^2}$ 应与 y 的不确定性 Δy 相似。

智慧之言

特性 3 非常容易被忽视，所以应该时刻关注它。如果 $\sigma \ll \Delta y$，很有可能已经过拟合了，也就是说，你正试图从数据中提取不存在的内容。或者，你不知道仪器中存在的不确定性，这种情况更危险。如果不能通过其他方法获得实验误差，σ 可以提供对实验误差的估计。

4）拟合应是鲁棒的：增加新的实验数据不会使拟合参数改变太大。

智慧之言

应远离高阶多项式拟合。

使用直线拟合最好，有时候抛物线也不错。

除非有深层次的物理原因，否则不要使用额外的参数。

高阶多项式拟合通常是无用的，因为新增加的每个数据点都倾向于大幅修改已有的拟合参数。

了解了这些规则，我们开始绘制残差图。

```
%% Let's see how well our fit follows the data
plot(fitobject, x,y, 'residuals')
set(gca,'FontSize',24); % adjusting font size
xlabel('x');
ylabel('y');
```

残差的结果图如图 6.4 所示。可以看到残差随机散布在 0 附近，没有明显的长期趋势。此外，残差的典型分布范围约为 0.5，这与数据点相对于点的波动类似，通过图 6.2 共振图形的肩部形状很容易看出，因此，至少符合特性 2 和 3。我们只使用了 3 个自由参数，由于需要控制共振峰值的高度、宽度和共振位置，因此自由参数的数量不能少于 3 个。这样，特性 1 也得到了满足。拟合的鲁棒性（特性 4）可以通过将数据分成两组（比如，从给定数据集中抽取偶数点数据），然后为每组数据执行一次拟合过程，再比较两组数据得到的拟合参数。这个过程可以留给读者作为练习。

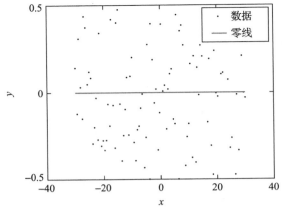

图 6.4　洛伦兹拟合的残差图

6.6　如何得到最优拟合

一般来说，拟合不能找到最佳的参数集，它的结果只能保证局部最优。我们将在第 13 章中对此进行更多的讨论。这样的局部最优可能造成一个极好的拟合，因此，人们常说拟合是一门艺术，甚至是"巫术"，但实际上这意味着人们不理解拟合算法操作的规则，寄希望于在初始猜测值附近随机调整就能直接成功。也就是说，计算机会神奇地给出正确的解决方案。在这一节中，我们将去掉数据拟合的面纱，尝试一些更可靠的方法。

成功的关键在于正确选择初始猜测值。

智慧之言

正确的初始猜测是随机选择的结果，这种想法是非常天真的。实际上，拟合算法即使在起点很差的情况下也能奇迹般地运行。然而，你需要明确拟合参数决定拟合线的相应特性，否则无法找到一个好的拟合，毕竟计算机只能辅助我们，而不是替我们思考。

我们先来说明一个坏的拟合猜测是怎么产生的。只需要修改一个参数，即程序 6.2 中的初始猜测 pin=[.1,25,.1]，其他参数与程序 6.1 是相同的。

程序 6.2　bad_Lorentzian_fit_example.m(可从 http://physics.wm.edu/programming_with_MATLAB_book/./ch_fitting/code/bad_Lorentzian_fit_example.m 获得)

```
%% load initial data file
data=load('data_to_fit.dat');
x=data(:,1); % 1st column is x
y=data(:,2); % 2nd column is y
```

```
%% define the fitting function with fittype
% notice that it is quite human readable
% Matlab automatically treats x as independent variable
f=fittype(@(A,x0,gamma, x) A ./ (1 +((x-x0)/gamma).^2) );

%% assign initial guessed parameters
% [A, x0, gamma] they are in the order of the appearance
% in the above fit function definition
pin=[.1,25,.1]; % <------------ very bad initial guess!

%% Finally, we are ready to fit our data
[fitobject] = fit (x,y, f, 'StartPoint', pin)
```

得到的拟合如图 6.5 所示。很容易看出，拟合线与数据点总体上没有相似之处，除了 $x=25$ 附近的拟合线，正好通过了两个数据点。优化算法陷入局部最大值，因而产生了不好的拟合结果。

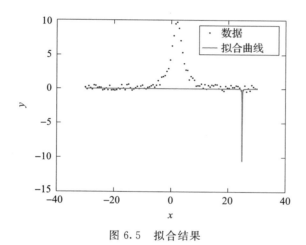

图 6.5　拟合结果

智慧之言

通常，最关键的拟合参数是控制 x 空间中窄特征的参数。

正确的数据拟合过程如下：

1）绘制数据。

2）确定描述数据的模型/公式，应该由人来进行。

3）确定适合的参数来对应特定的拟合线特征。

4）基于这一认识，对拟合参数进行智能猜测。

5）用猜测来绘制拟合函数，看看它是否符合预期。

6）完善猜测并重复以上步骤，直到得到一个与数据接近的模型函数曲线。

7）要求计算机对猜测参数进行大量改进，即执行 fit 命令。

8）拟合将产生具有置信范围的拟合参数，确保得到预期结果。

正如所看到的，最重要的步骤是在执行 fit 命令之前进行的。

下面给出光的单缝衍射的例子，以帮助我们了解正确的拟合过程。

6.6.1   数据绘图

已知一组光单缝衍射的数据，该数据为传感器响应（强度值 I）相对的位置的关系。它的位置（x 值）沿着屏幕上的衍射图案通过一个狭缝。图 6.6 中描述了存储在文件 single_slit_data. dat [⊖] 中的数据的图示。

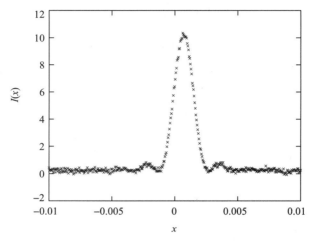

图 6.6   单缝衍射强度

6.6.2   选择拟合模型

根据光的波动理论，光的探测强度定义如下：

$$I(x) = I_0 \left[\frac{\sin\left(\frac{\pi d}{l\lambda}(x - x_0)\right)}{\frac{\pi d}{l\lambda}(x - x_0)} \right]^2 \tag{6.3}$$

其中，d 表示狭缝宽度，l 表示与屏幕的距离，λ 表示光波长，x_0 表示光强最大时的位置。

然而，这适用于检测器是理想的，并且没有背景照明的情况。在现实中，我们需要考虑由于背景（B）照明产生的偏移，所以需要将方程修改为一个更现实的形式：

$$I(x) = I_0 \left[\frac{\sin\left(\frac{\pi d}{l\lambda}(x - x_0)\right)}{\frac{\pi d}{l\lambda}(x - x_0)} \right]^2 + B \tag{6.4}$$

模型拟合的第一个障碍在如下这一项：

$$\alpha = \frac{\pi d}{l\lambda} \tag{6.5}$$

---

d、l 和 λ 是相关的，也就是说，如果将 d 扩大 2 倍，那么可以通过将 l 或 λ 扩大 2 倍进而保持相同的比率 α，这样就能获得同样的 $I(x)$ 值。因此，没有任何算法能够单独从提供的数据中解耦这 3 个参数。幸运的是实验者提供了 $l=5\mathrm{m}$ 和 $\lambda=800\times10^{-9}\mathrm{m}$ 时的实验数据。因此，通过学习得到的拟合参数，我们将能够分辨出狭缝的大小 d。现在，让我们用 α 来表示强度公式。该公式看起来更简单，因为它需要的拟合参数变少了：

$$I(x) = I_0 \left(\frac{\sin(\alpha(x-x_0))}{\alpha(x-x_0)} \right)^2 + B \tag{6.6}$$

我们将这个计算放在函数 single_slit_diffraction 中，如程序 6.3 所示。

程序 6.3　single_slit_diffraction.m（可从 http://physics.wm.edu/programming_with_MATLAB_book/./ch_fitting/code/single_slit_diffraction.m 获得）

```
function [I] = single_slit_diffraction(I0, alpha, B, x0, x
    )
    % calculates single slit diffraction intensity pattern
        on a screen
    % I0 - intensity of the maximum
    % B - background level
    % alpha - (pi*d)/(lambda*l), where
    %  d - slit width
    %  lambda - light wavelength
    %  l - distance between the slit and the screen
    % x - distance across the screen
    % x0 - position of the intensity maximum

    xp = alpha*(x-x0);
    I = I0 * ( sin(xp) ./ xp ).^2  + B;
end
```

6.6.3　拟合参数的初始猜测

现在，我们来探索拟合参数的初始猜测。B 值可能是最简单的，我们可以从式(6.6)看出，当 x 变得非常大时，表示振荡的公式第一项迅速下降(该项与 $1/x^2$ 成正比)，这时方程由 B 来决定。另外，我们看到图 6.6 中边缘位置的数值均在 0 和 1 之间，因此我们使用 B_g= 0.5 作为初始猜测值。根据式(6.6)的定义，如果忽略较小的 B 值的影响，I_0 是强度最大值，因此可以假设 I_0 的初始值为 I0_g= 10。同样地，x_0 是强度最大值的对应位置，因此，使用 x0_g=.5e-3 作为 x_0 的猜测值是合理的，这是因为强度峰值位于 0 和 1e-3 之间。α 的值是最棘手的问题。首先，我们发现式(6.6)中，中括号内平方项的表达式是 sinc 函数。由于分子是正弦函数，该 sinc 函数是一个振荡函数，另外，由于位置变量 x 位于分母中，因而函数的振幅随着 x 的增长而减小。重要的是，强度函数第一次穿过基准线的位置在 $\sin(\alpha(x_b-x_0))=0$ 处，因此，有 $\alpha(x_b-x_0)=\pi$。由图 6.6，我们看到 $x_b\approx0.002$，因此，一个关于 α 的较好的初始猜测值是 alpha_g=pi/(2e-3-x0_g)。

6.6.4　基于初始猜测的数据和模型绘制

下面看一看我们的智能猜测是否足够良好，让我们用初始猜测值来绘制模型函数，如程序 6.4 所示。

> **程序 6.4** plot_single_slit_first_guess_and_data.m (可从 http://physics.wm.edu/
> programming_with_MATLAB_book/./ch_fitting/code/plot_single_slit_first_guess_
> and_data.m 获得)
>
> ```
> % load initial data file
> data=load('single_slit_data.dat');
> x=data(:,1); % 1st column is x
> y=data(:,2); % 2nd column is y
>
> % _g is for guessed parameters
> B_g=0.5;
> I0_g=10;
> x0_g=.5e-3;
> alpha_g = pi/(2e-3 - x0_g);
>
> % we have a liberty to choose x points for the model line
> Nx= 1000;
> xmodel = linspace(-1e-2, 1e-2, Nx);
> ymodel = single_slit_diffraction( I0_g, alpha_g, B_g, x0_g
>     , xmodel);
> plot(x,y,'bx', xmodel, ymodel, 'r-');
> legend({'data', 'first guess'});
> set(gca,'FontSize',24);
> xlabel('x');
> ylabel('I(x)');
> ```

结果如图 6.7 所示。它并不能匹配得非常完美，但已经十分接近了。

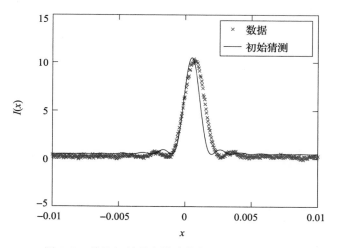

图 6.7　单缝衍射强度模式数据与初始猜测拟合

6.6.5　拟合数据

现在，在完成所有困难的工作之后，我们准备使用 MATLAB 进行数据拟合，如程序 6.5 所示。

程序 6.5　fit_single_slit_data.m(可从 http://physics.wm.edu/programming_with_ MATLAB_book/./ch_fitting/code/fit_single_slit_data.m 获得)

```
% load initial data file
data=load('single_slit_data.dat');
x=data(:,1); % 1st column is x
y=data(:,2); % 2nd column is y

%% defining fit model
f=fittype(@(I0, alpha, B, x0, x) single_slit_diffraction(
    I0, alpha, B, x0, x));

%% prepare the initial guess
% _g is for guessed parameters
B_g=0.5;
I0_g=10;
x0_g=.5e-3;
alpha_g = pi/(2e-3 - x0_g);

% pin = [I0, alpha, B, x0] in order of appearance in
    fittype
pin = [ I0_g, alpha_g, B_g, x0_g ];

%% Finally, we are ready to fit our data
[fitobject] = fit (x,y, f, 'StartPoint', pin)
```

fitobject 结果如下：

```
fitobject =
     General model:
     fitobject(x) = single_slit_diffraction(I0,alpha,B,x0,x)
     Coefficients (with 95% confidence bounds):
       I0 =      9.999   (9.953, 10.04)
       alpha =      1572   (1565, 1579)
       B =      0.1995   (0.1885, 0.2104)
       x0 =   0.0006987   (0.0006948, 0.0007025)
```

得到的拟合及其残差如图 6.8 所示，并由程序 6.6 生成：

程序 6.6　plot_fit_single_slit_data.m(可从 http://physics.wm.edu/programming_ with_MATLAB_book/./ch_fitting/code/plot_fit_single_slit_data.m 获得)

```
%% plot the data, resulting fit, and residuals
plot(fitobject, x,y, 'fit','residuals')
xlabel('x');
ylabel('y');
```

残差散布在 0 附近，这标志着拟合效果很好。

6.6.6　拟合参数的不确定性评估

fitprojcet 提供参数的值和置信区间，因此我们可以估计拟合参数的不确定性或误差限度。可以按如下方法计算狭缝的宽度 $\left(d = \dfrac{al\lambda}{\pi}\right)$ 及其不确定度：

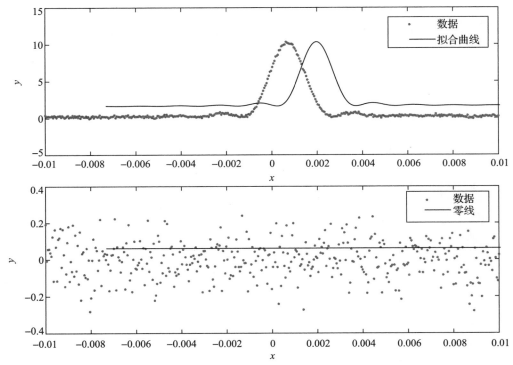

图 6.8   单缝衍射强度模式、拟合以及拟合残差

```
%% assigning values known from the experiment
l = 0.5; % the distance to the screen
lambda = 800e-9; % the wavelength in m

%% reading the fit results
alpha = fitobject.alpha; % note .alpha, fitobject is an
    object
ci = confint(fitobject); % confidence intervals for all
    parameters
alpha_col=2; % recall the order of appearance  [I0, alpha,
    B, x0]
dalpha = (ci(2, alpha_col) - ci(1,alpha_col))/2; %
    uncertainty of alpha

%% the width related calculations
a = alpha*l*lambda/pi; % the slit width estimate
da = dalpha*l*lambda/pi; % the slit width uncertainty
a=2.0016e-04
da=9.2565e-07
```

对于狭缝宽度，MATLAB 提供了太多位的有效数字，它们对上述不确定性（da）的估计没有意义，我们需要做适当的舍入。取狭缝宽度为 $a=(2.002\pm0.009)\times10^{-4}\,\mathrm{m}$，误差会小于 0.5%，这种选择相当不错。

智慧之言

拟合算法并没有所做实验的先验知识，你的数据集可能对某个自由参数的特定值非常有利。将你的实验多运行几次，查看自由参数的新估计值，并与旧值进行比较，然后再决定参数的不确定度。

6.7 自学

- 使用命令 help function_handle，复习句柄操作符函数@。
- 注意错误条/不确定性，并给出这些信息。
- 使用内置函数 fittype 定义数据拟合模型，然后调用 fit 函数进行拟合。

习题 6.1

回忆 4.6 节中的问题。

下载数据文件 hwOhmLaw. dat [⊖]，它表示某人想通过测量电压降 V（第一列数据）和流过电阻的电流 I（第二列数据）来测量等效电阻。根据样本的数量来判断，数据为自动测量。

使用欧姆定律，$V=RI$ 和具有一个自由参数（R）的线性拟合，求出该样本的电阻（R）。这个估计的误差条/不确定性是多少？它是否与使用 4.6 节中的方法得到的结果接近？不要使用图形用户界面提供的菜单，使用脚本或函数来完成它。

习题 6.2

我们根据多普勒效应制作了一个速度检测器。设备主要用于检测信号强度与时间的关系，结果记录在数据文件 fit_cos_problem. dat [⊖]中，其中第一列是时间，第二列是信号强度。

使用 $A\cos(\omega t + \varphi)$ 拟合数据。其中，A，ω 和 φ 分别表示信号的幅度、频率和相位，t 表示时间。求拟合参数（信号的幅度、频率和相位）及其不确定性。

习题 6.3

本题是为我们当中的物理学家准备的。如果习题 6.2 中检测器使用的是无线射频技术，你能估计速度测量的不确定性吗？它是一个好的汽车速度探测器吗？

习题 6.4

这是一个在家就能完成的实验。制作不同长度的钟摆（0.1m、0.2m、0.3m，以此类推，直到 1m）。测量每个长度的钟摆在 20s 内摆动的次数（显然，必须取最接近的整数）。将观察结果保存到简单的文本文件中，并用制表符（Tab）分隔各列数据。第一列是钟摆的长度（以米为单位），第二列是 20s 内完整的摆动次数。

编写一个脚本，加载该数据文件，通过适当的实验数据拟合，提取重力加速度（g）。长度为 L 的钟摆，其振荡周期如下：

$$T = 2\pi\sqrt{\frac{L}{g}}$$

习题 6.5

在光学中，激光束的传播常常用高斯光束的形式来描述。也就是说光束横截面的强度是由高斯剖面描述的（这也是高斯光束名称的由来）：

$$I(x) = A\exp(-\frac{(x-x_0)^2}{w^2}) + B$$

⊖ 文件下载地址：http://physics.wm.edu/programming_with_MATLAB_book/. /ch_fitting/data/hwOhmLaw. dat。

⊖ 文件下载地址：http://physics.wm.edu/programming_with_MATLAB_book/. /ch_fitting/data/fit_cos_problem. dat。

其中，A 是幅度；x_0 是最大强度的位置；w 是光束特征宽度（$1/e$ 强度级的宽度）；B 是传感器的背景照明。

利用文件 gaussian_beam. dat $\ominus$ 中的实际实验数据，提取参数 A、x_0、w 和 B 及其不确定性，文件中第一列是位置 x（单位为米），第二列是任意单位的光束强度。

推荐的模型能很好地描述实验数据吗？为什么？

习题 6.6

使用习题 6.5 中的高斯剖面拟合文件 data_to_fit_with_Lorenz. dat $\ominus$ 中的数据，拟合结果是好还是坏？为什么？将其与洛伦兹模型（见式（6.1））进行比较。

$\ominus$ 文件下载地址：http://physics. wm. edu/programming_with_MATLAB_book/. /ch_fittig/data/gaussian_beam. dat。

$\ominus$ 文件下载地址：http://physics. wm. edu/programming_with_MATLAB_book/. /ch_fitting/data/data_to_fit_with_Lorenz. dat。

数 值 导 数

本章将讨论函数数值导数的求取方法。我们讨论了用前向、后向和中心差分法来估计导数，以及估计这些算法误差的方法，并证明了中心差分法优于其他方法。

函数导数是函数曲线在给定输入值处的切线斜率（见图 7.1a）。有些情况中经常需要计算函数导数，例如使用 8.7 节中的牛顿-拉弗森求根算法时。函数可能相当复杂，花费很多精力来推导导数的解析表达式可能并不现实，甚至都不能获得实现函数。对于这些情况，我们借助于函数导数的数值估计。

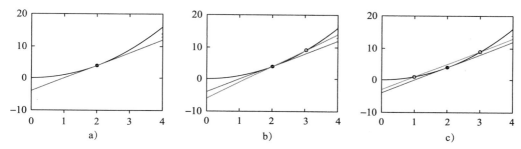

图 7.1 图 7.1a 为函数 $f(x)=x^2$ 及其在点 $(x=1,\ y=1)$ 处的切线图，解析算法得到的导数；图 7.1b 为前向差分算法估计导数；图 7.1c 为中心差分法算法估计导数，步长为 1

7.1 通过前向差分估计导数

我们首先看看导数的数学定义：

$$f'(x) = \lim_{h \to 0} \frac{f(x+h) - f(x)}{h} \tag{7.1}$$

通过前向差分实现导数的数值估计：

$$f'_c(x) = \frac{f(x+h) - f(x)}{h} \tag{7.2}$$

它本质上是用有限步长 h 来近似求导数（见图 7.1b）。其 MATLAB 实现如程序 7.1 所示。

程序 7.1 forward_derivative.m（可从 http://physics.wm.edu/programming_with_
MATLAB_book/./ch_derivatives/code/forward_derivative.m 获得）

```
function dfdx = forward_derivative( f, x, h )
% Returns derivative of the function f at position x
% f is the handle to a function
% h is step, keep it small
dfdx = (f(x+h) - f(x))/h;
end
```

我们用函数 $f(x)=x^2$ 来验证一下程序 7.1。该函数的导数为 $f'(x)=2x$。因此,我们期望看到 $f'(1)=2$。首先,我们使用步长 $h=1e-5$ 来计算函数在 $x=1$ 处的导数:

```
>> f = @(x) x.^2';
>> forward_derivative(f, 1, 1e-5)
ans =
    2.0000
```

为了模拟导数数学定义中的极限,使 h 取值尽可能小是个不错的想法。我们减少 h:

```
>> forward_derivative(f, 1, 1e-11)
ans =
    2.0000
```

到目前为止,结果仍然是正确的。但是如果进一步降低 h 的值,会得到如下结果:

```
>> forward_derivative(f, 1, 1e-14)
ans =
    1.9984
```

这是不精确的。令人惊讶的是,如果 h 取值更小的话,就会得到:

```
>> forward_derivative(f, 1, 1e-15)
ans =
    2.2204
```

这与正确结果偏离更远。这是由于舍入误差(见 1.5 节)引起的,当 h 变得更小时结果会更糟。

7.2   数值导数的算法误差估计

不幸的是,与舍入误差相比还有更多需要担心的。我们暂时假设舍入误差不是问题,计算机可以进行精确地计算。我们想知道使用式(7.2)时会产生什么样的误差。回想一下**泰勒级数**:

$$f(x+h) = f(x) + \frac{f'(x)}{1!}h + \frac{f''(x)}{2!}h^2 + \cdots \tag{7.3}$$

因此,我们可以看到通过前向差分计算出的导数 f'_c 近似于真实导数 f':

$$f'_c(x) = \frac{f(x+h) - f(x)}{h} = f'(x) + \frac{f''(x)}{2}h + \cdots$$

从这个等式,我们可以看到 h 的一阶项。

前向差分的算法误差

$$\varepsilon_{fd} \approx \frac{f''(x)}{2}h \tag{7.4}$$

这是相当糟糕的,因为误差与 h 成正比。

示例

让我们考虑以下函数:

$$f(x) = a + bx^2$$

$$f(x+h) = a + b(x+h)^2 = a + bx^2 + 2bxh + bh^2$$

$$f'_c(x) = \frac{f(x+h) - f(x)}{h} \approx 2bx + bh$$

对于较小的 $x < b/2$，算法误差在导数近似中占主导地位。

对于给定的函数和兴趣点，有一个最优的 h 值，使得舍入误差和算法误差都很小，而且它们近乎相同。

7.3　通过中心差分估计导数

现在我们通过前向和后向差分的平均值来估计导数：

$$f'_c(x) = \frac{1}{2}\left(\frac{f(x+h) - f(x)}{h} + \frac{f(x) - f(x-h)}{h} \right) \tag{7.5}$$

可以看出，如果在式（7.2）中插入 $-h$ 并翻转全部符号，后向差分（上式中的第 2 项）就和之前的公式相同了。稍微化简一下，得到以下中心差分表达式。

导数的中心差分估计

$$f'_c(x) = \frac{f(x+h) - f(x-h)}{2h} \tag{7.6}$$

我们可能不会期望有任何改进，因为我们结合了两种方法，它们都有与 h 成正比的算法误差。但是这些误差具有不同的符号，因此相互抵消。利用泰勒级数展开式进行算法误差计算，取正比于 f''' 的项近似作为算法误差。

中心差分的算法误差

$$\varepsilon_{cd} \approx \frac{f'''(x)}{6} h^2 \tag{7.7}$$

误差为 h 的二次函数，与图 7.1b 和图 7.1c 相比有了明显的改进。

示例

使用与前一个例子相同的函数：

$$f(x) = a + bx^2$$

$$f(x+h) = a + b(x+h)2 = a + bx^2 + 2bxh + bh^2$$

$$f(x-h) = a + b(x-h)2 = a + bx^2 - 2bxh + bh^2$$

$$f'_c(x) = \frac{f(x+h) - f(x-h)}{2h} = 2bx$$

这就是准确的答案（与导数公式一致），其实也并不奇怪，因为所有高于 3 阶的导数误差都为 0。本例中中心差分的算法误差为 0。

在相同的计算代价下我们得到了更好的导数估计：只需要对函数计算两次就可以得到相应的导数。因此，应尽可能地使用中心差分，除非我们需要重用前面步骤中计算的某些

函数值来减少计算负载。 [⊖]

7.4　自学

习题 7.1

画图表示函数 $\sin(x)$ 在 $x = \pi/4$ 处的导数绝对误差（与真实值相比）和步长 h 的关系，绝对误差和步长 h 坐标轴都使用 $\log_{10}$ 坐标，导数数值计算分别采用前向差分和中心差分算法。查看 loglog 帮助文档来绘制对数坐标轴。步长 h 的值应涵盖范围 $10^{-16} \cdots 10^{-1}$（阅读 MATLAB 为这种情况设计的 logspace 函数）。

误差比例是否如式(7.4)和式(7.7)所预测的那样？

为什么误差先随 h 增大而减小，然后又开始增加？

注意，对这种特殊情况来说，绝对误差最小的位置表示 h 的最优值。

⊖　在某些计算中，函数的单次计算可能需要几天甚至几个月的时间。

求 根 算 法

本章将讨论方程求根算法。我们给出了方程求根的一般策略和几种经典算法：二分法、试位法、牛顿-拉弗森法和 Ridders 法。然后，我们讨论了数值方法的潜在缺陷，并总结了几种经典算法的优缺点。我们还演示了如何使用 MATLAB 内置方法来求方程的根。

8.1 求根问题

我们将讨论几种求解以下规范方程的通用算法：

$$f(x) = 0 \tag{8.1}$$

这里，$f(x)$ 是任意关于标量变量 x 的函数[⊖]，而满足式(8.1)的 x 称为函数 f 的根。很多情况下，我们遇到的问题看起来稍微有点不同：

$$h(x) = g(x) \tag{8.2}$$

但是，用以下重新标记方法很容易将其转换为规范形式：

$$f(x) = h(x) - g(x) = 0 \tag{8.3}$$

示例

$$3x^3 + 2 = \sin x \rightarrow 3x^3 + 2 - \sin x = 0 \tag{8.4}$$

对于这类问题，有些方法可以得到方程的解析解或闭式解。举例来说，我们先回顾一下第 4 章详细讨论过的二次方程问题。我们应该尽可能地使用闭式解，这样的解通常很精确，而且实现速度要快得多。然而，一般的方程可能不存在解析解，也就是说，我们的问题本身就是超越方程。

示例

如下包含未知指数函数的方程就属于超越方程：

$$e^x - 10x = 0 \tag{8.5}$$

接下来，我们将讨论形如式(8.1)的未知数求解方法[⊖]。

8.2 试错法

从广义上讲，本章提出的所有方法都是试错法。人们可以尝试通过猜测来获得方程的

⊖ 第 13 章考虑了形式为 $\vec{f}(\vec{x}) = 0$ 的更通用方程的求解方法，其中涵盖了最优化问题。

⊖ MATLAB 有解决求根问题的内置函数。然而，编程实现本章所概述的算法具有很大的教育价值。同时，研究求根的通用算法将来可能对你有所帮助，特别是当编程语言没有内置求解器，你不得不自己实现算法时。另外，如果你知道算法的底层实现，就可以更有效地使用它或者避免误用。

解，最终，他也许会成功。显然，每次尝试成功的可能性很小。然而，每次猜测都能提供一些线索，为我们指明正确的方向。算法之间的主要区别是下一次猜测是怎样形成的。

通用的数值求根算法如下：

- 猜测初始解 x_i

- 基于测试解 x_i 和 $f(x_i)$，给出新的猜测 x_{i+1}。

- 重复以上过程，直到达到所需要的求解精度，使得下面的函数接近于零：

$$|f(x_{i+1})| < \varepsilon_f \tag{8.6}$$

并且函数的解不能收敛：

$$|x_{i+1} - x_i| < \varepsilon_x \tag{8.7}$$

解的收敛性检查是非强制性的，但它能提供求解精度的估计。

8.3 二分法

为了更好地理解二分法，我们先考虑一个简单的游戏：假设有人心里想到 $1 \sim 100$ 之间的任意整数，我们的任务就是猜测这个数字。

如果不能提供任何线索，我们就得猜测每一个可能的数字，最多可能需要 100 次尝试才能猜对。现在，假设在每次猜测之后会得到一个线索：我们的猜测相对目标数字是"高"还是"低"。这样，每次迭代时都可以将搜索区域一分为二。如果方法得当，只需要 7 次尝试就能得到正确答案。很明显，这要快得多。

示例

假设要找的数字是 58。

1）第一次猜测，我们选择区间 $1 \sim 100$ 的中间点，结果为 50。

2）我们得到的反馈线索是"低"，所以我们将在区间 $50 \sim 100$ 继续搜索，第二次猜测的是区间 $50 \sim 100$ 的中间点，即 75。

3）这次得到的线索是"高"，所以再把区间 $50 \sim 75$ 分成两部分。第三次猜测的结果是 63。

4）得到的线索是"高"，把区间 $50 \sim 63$ 分成两部分，猜测结果为 56。

5）得到的线索是"低"，所以分割区间 $56 \sim 63$，猜测结果为 59。

6）得到的线索是"高"，分割区间 $56 \sim 59$，猜测结果为 57。

7）得到的线索是"低"，所以得到最后的正确结果为 58。

我们总共做了 7 次猜测，这是本策略的最坏情况。

上面的示例概述了二分法的思想：将搜索区间分成两个相等部分，在剩余的一半区间内进行操作。下面是二分法的伪代码⊖，对任何具有根的连续函数都有效，也就是说，我

⊖ 伪代码是为了方便人类阅读而设计的，它省略了正确的计算机实现所必需的部分。

们提供函数区间的两个端点, 在这两个点上函数值的符号相反。

二分法的伪代码

1) 确定函数与 0 的最大允许偏差 ε_f 和根的精度 ε_x;

2) 确定包含根的初始封闭区间, 即选择区间的正负端点 x_+ 和 x_-, 满足 $f(x_+)>0$ 和 $f(x_-)<0$。注意, "+" 和 "-" 指的是函数符号, 而不是区间端点的相对位置。

3) 开始搜索循环。

4) 计算新的猜测值 $x_g=(x_+ + x_-)/2$。

5) 如果满足 $|f(x_g)| \leqslant \varepsilon_f$ 且 $|x_+ - x_g| \leqslant \varepsilon_x$, 则停止, 我们找到了具有所需精度的根 $\ominus$。

6) 否则, 按以下方式重新确定区间端点: 如果 $|f(x_g)|>0$, 则 $x_+ = x_g$, 否则 $x_- = x_g$。

7) 重复搜索循环。

图 8.1 显示了二分法的前几次迭代过程。它用宽条纹表示搜索区间的长度。标记为 $X_{\pm i}$ 的点是封闭区间的正负端点 x_+ 和 x_-。

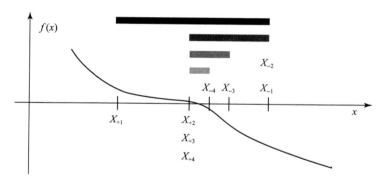

图 8.1 二分法示意图。$X_{\pm i}$ 标记了第 i 次迭代的区间位置, 宽条纹表示根的包围区间

二分法的 MATLAB 实现如程序 8.1 所示。

程序 8.1 bisection.m (可从 http://physics.wm.edu/programming_with_MATLAB_book/./ch_root_finding/code/bisection.m 得到)

```
function [xg, fg, N_eval] = bisection(f, xn, xp, eps_f, eps_x)
% Solves f(x)=0 with bisection method
%
%  Outputs:
%   xg is the root approximation
%   fg is the function evaluated at final guess f(xg)
%   N_eval is the number of function evaluations
%  Inputs:
%   f is the function handle to the desired function,
```

$\ominus$ 思考一下, 为什么我们使用改进的解的收敛表达式, 而不是式(8.7)中的条件?

```
%   xn and xp are borders of search, i.e. root brackets,
%   eps_f defines maximum deviation of f(x_sol) from 0,
%   eps_x defines maximum deviation from the true solution
%
%   For simplicity reasons, no checks of input validity are done:
%    it is up to user to check that f(xn)<0 and f(xp)>0,
%    and that all required deviations are positive

%% initialization
xg=(xp+xn)/2; % initial root guess
fg=f(xg);      % initial function evaluation
N_eval=1; % We just evaluated the function

%% here we search for root
while ( (abs(xg-xp) > eps_x) || (abs(fg) > eps_f) )
    if (fg>0)
        xp=xg;
    else
        xn=xg;
    end
    xg=(xp+xn)/2;     % update the guessed x value
    fg=f(xg);          % evaluate the function at xg
    N_eval=N_eval+1; % update evaluation counter
end

%% solution is ready
end
```

对于读者来说，一个有趣的练习是查看 while 条件是否与二分法伪代码第 5 步中的条件等价。同时，注意 short-circuiting 命令或运算符"‖"的使用。请参考 MATLAB 手册，了解其使用方法。

8.3.1　二分法示例和测试用例

1. 测试二分法

作为练习，让我们求解如下方程的根：

$$(x-10) \times (x-20) \times (x+3) = 0 \tag{8.8}$$

当然，我们不需要使用计算机算法就能得到方程的解：10、20 和 -3，但是事先知道根，有助于检查如何正确运行代码。同时，我们还能了解典型的求根过程的工作流程。但最重要的是，可以测试所提供的二分法代码能否正确工作：利用已知场景检查新代码总是一个好主意。

我们将测试函数的 MATLAB 实现保存到文件 function_to_solve. m 中。

程序 8.2　function_to_solve. m(可从 http://physics. wm. edu/programming_with_MAT-LAB_book/. /ch_root_finding/code/function_to_solve. m 得到)

```
function ret=function_to_solve(x)
      ret=(x-10).*(x-20).*(x+3);
end
```

通过绘制函数图形来定位潜在根的区间是一个好主意。请查看图 8.2 中−4～2 区间内的函数图形。任何函数值为负数的点都是很好的负端点，xn=-4 满足这个要求。同样，区间的正端点也有很多选择，函数值大于 0 的点都可以选择。在我们的测试中选择 xp=2。

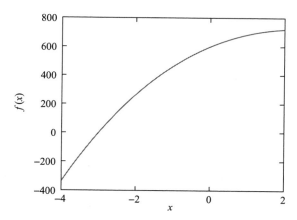

图 8.2　在−4～2 范围内求解 $f(x)=(x-10)\times(x-20)\times(x+3)$ 函数

另一个需要确定的事情是解的精度。精度越高，计算时间越长。在我们的测试中，这可能不是一个重要因素。然而，我们应保证不高于计算机数字表示的精度。MATLAB 目前使用 64 位浮点数，所以不应该要求使用超过 10^{-16} 的精度。本次测试中，我们选择 eps_f=1e-6 和 eps_x=1e-8。

我们用下面的代码求解方程(8.8)的根。请注意我们是怎样利用 @ 操作符给 bisection 函数发送要求解函数的句柄的。

```
>> eps_x = 1e-8;
>> eps_f = 1e-6;
>> x0 = bisection( @function_to_solve, -4, 2, eps_f, eps_x
   )
x0 = - 3.0000
```

看来该算法得到了精确答案−3。让我们重新检查一下函数在 x0 处是否确实为 0：

```
>> function_to_solve(x0)
ans = 3.0631e-07
```

答案不是 0。为什么？回顾一下，我们只看到 5 位有效数字的解，即−3.0000，而对于 eps_x=1e-6，我们要求的精度可达 7 位有效数字。因此，输出结果为 x0 的四舍五入。把解代入方程，得到的结果为 f(x0)=3.0631e-07，虽然它满足了函数结果近似为 0(eps_f=1e-6)的精度要求，但结果并不是很理想。最重要的是，我们得到了我们想要的结果，一切都如预期的那样。

注意，我们只得到了 3 个可能根中的 1 个。为了求解其他的根，需要运行 bisection 函数，使用适当的包含每个根的封闭区间。算法本身没有选择根所在区间的能力。

2. 又一个例子

现在，我们准备好求解超越方程(8.5)的根了。对于函数的 MATLAB 实现，我们就不创建单独的文件了。相反，我们将使用匿名函数 f。

```
>> f = @(x) exp(x) - 10*x;
>> x1 = bisection( f, 2, -2, 1e-6, 1e-6)
x1 =
    0.1118
>> [x2, f2, N] = bisection( f, 2, 10, 1e-6, 1e-6)
x2 =
    3.5772
f2 =
  2.4292e-07
N =
    27
```

正如所见，方程(8.5)有两个根[⊖]：x1＝0.1118 和 x2＝3.5772。第二次调用 bisec-tion 函数，返回结果为真实根附近的函数值，即 f2＝2.4292e-07，且满足所要求的精度 1e-6。整个求解过程只需要 27 次迭代。

8.3.2 二分法代码的可能改进

简化的二分法代码缺少输入参数的验证。人们输入参数时会出现使用、拼写等各种差错；二分法函数对这一点没有保护。在测试二分法的例子中，如果我们不小心调换了区间正负端点的位置，bisection 函数将一直运行，至少直到我们停止程序执行。运行如下命令，尝试查看这种不正确的行为。

```
>> bisection( @function_to_solve, 2, -4, eps_f, eps_x )
```

如果不想等待，可同时按下 Ctrl 和 C 键中断程序执行。

智慧之言

凡事只要有可能出错，那就一定会出错。

——墨菲定律

我们应该回忆 4.4 节中介绍的良好的编程实践，并验证输入参数[⊖]。至少我们应该确保 f(xn)<0 和 f(xp)>0。

8.4 算法收敛

如果满足以下条件，我们认为求根算法具有确定的收敛性：

$$\lim_{k \to \infty}(x_{k+1} - x_0) = c\,(x_k - x_0)^m \tag{8.9}$$

其中，x_0 是方程真正的根；c 是常数；m 是收敛的阶数。

对于一个算法，如果 $m=1$，那么说该算法线性收敛。$m>1$ 的情况称为**超线性收敛**。

通过区间大小来估计距离 $x_k - x_0$ 的上界，很容易表明二分法具有线性收敛率（$m=1$）和 $c=1/2$。

⊖ 你可以证明它没有其他的根。
⊖ 千万不要期望用户会输入有效的参数。

一般来说，算法的速度与其收敛阶数有关：收敛阶数越高越好。但是，其他因素也可能影响整体速度。例如，对于其他的高阶收敛算法，可能有太多的中间计算，或需要的内存大小超出计算机的可用内存。

如果收敛性已知，我们可以估计需要多少次迭代能达到所需的根精度。不幸的是，一般算法通常不可能确定收敛阶数。

示例

在二分法中，初始区间大小为 b_0，每次迭代区间都以因子 2 减小。因此，第 N 步的区间大小为 $b_N = b_0 \times 2^{-N}$。要达到要求的根精度，根区间最后应该小于 ε_x。为了实现这个目标，我们需要的最少迭代步数如下：

$$N \geqslant \log_2(b_0/\varepsilon_x) \tag{8.10}$$

反过来说，在根估计过程中，大约每 3 次迭代就会增加一位有效数字。

二分法优点突出：它总是有效，而且易于实现。但是它的收敛速度比较慢。下面几种方法试图通过对函数形状做一些假设来改进对根的估计。

8.5 试位法

如果函数光滑，且其导数变化不大，我们可以简单地将函数近似为直线。需要用两点来定义一条直线。我们将含根区间的正负端点作为定义直线的点，即这条直线是连接函数区间端点的弦。弦和 x 坐标轴的交点是新的根估计值，我们将用它来更新区间的适当端点。

图 8.3 对试位(拉丁语为 Regula Falsi)法进行了说明。

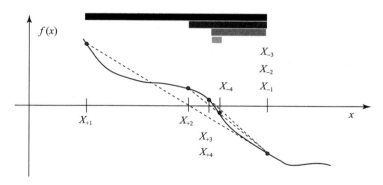

图 8.3 试位法图示。可以看出新的根估计值是如何构建的，哪个点作为区间端点。
宽条纹表示给定步骤的求根区间大小

由于根始终包含在区间内，因此该方法一定能收敛到实际根值。不幸的是，在某些特殊情况下，这种方法的收敛速度可能比二分法还要慢，我们在 8.9 节中再进行说明。

试位法的伪代码

1）选择合适的初始含根区间，区间端点为 x_+ 和 x_-，满足 $f(x_+) > 0$ 和 $f(x_-) < 0$。

2）循环开始。

3）绘制点$(x_-, f(x_-))$和$(x_+, f(x_+))$确定的弦。

4）将弦与 x 轴的交点作为新的根估计值：

$$x_g = \frac{x_- \, f(x_+) - x_+ \, f(x_-)}{f(x_+) - f(x_-)} \tag{8.11}$$

5）如果$\left|f(x_g)\right| \leqslant \varepsilon_f$，同时根达到了指定的收敛精度

$$(\left|x_g - x_-\right| \leqslant \varepsilon_x) \vee (\left|x_g - x_+\right| \leqslant \varepsilon_x) \tag{8.12}$$

那么算法停止，因为我们得到了满足精度的解。

6）否则，按如下方法更新区间端点：如果 $f(x_g) > 0$，则 $x_+ = x_g$；否则 $x_- = x_g$。

7）重复循环。

注意：该算法与二分法的伪代码相似，只是在 x_g 更新和收敛性检查时有些不同。

8.6   割线法

割线法（secant method）对函数有相同的假设，即它是光滑的，其导数变化不大。总的说来，割线法与试位法非常相似，只不过这里取两个任意点来画弦。同时，我们用新的估计值更新弦的最旧的端点，如图 8.4 所示。与试位法不同的是，试位法的一个端点不定时更新，甚至从不更新，而割线法的端点总是更新，这使得割线算法的收敛性是超线性的：收敛阶数 m 等于黄金分割率[9]，即 $m = (1+\sqrt{5})/2 \approx 1.618\cdots$。不幸的是，由于根不一定包含这个区间内，它的收敛性没有得到保证。

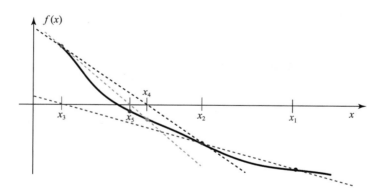

图 8.4   割线法示意图

割线法概要

1）选择两个任意起点 x_1 和 x_2；

2）循环开始；

3）根据以下迭代公式计算下一个估计值：

$$x_{i+2} = x_{i+1} - f(x_{i+1}) \frac{x_{i+1} - x_i}{f(x_{i+1}) - f(x_i)} \tag{8.13}$$

4）舍弃 x_i 点；

5）重复循环，直到达到要求的精度。

8.7 牛顿-拉弗森法

牛顿-拉弗森法（Newton-Raphson Method）也使用线性近似函数。在这种方法中，我们通过估计点$(x_g, f(x_g))$画一条直线，直线的斜率等于函数在这一点处的导数。然后，找到直线与x轴的交点，把这个点作为下一个估计值。这一过程如图 8.5 所示。这个过程是二次收敛的，即$m=2$，这意味着每次迭代都将有效数字加倍[9]，尽管导数计算和函数计算本身一样耗时（参见第 7 章中的数值导数算法）。也就是说，牛顿-拉弗森算法的一次迭代相当于与其他算法的两次迭代。所以，牛顿-拉弗森算法的实际收敛阶数是$m=\sqrt{2}$。该算法的缺点是不能保证收敛到实际的根，而且算法对起始点选择相当敏感。

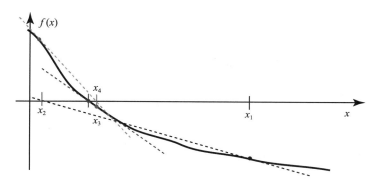

图 8.5 牛顿-拉弗森法示意图

牛顿-拉弗森算法概要

1）选择任意起始点x_1；

2）开始循环；

3）根据以下迭代公式计算下一个估计值：

$$x_{i+1} = x_i - \frac{f(x_i)}{f'(x_i)}$$

(8.14)

4）重复循环，直到达到要求的精度。

如何计算导数f'需要选择合适的方法。函数导数计算可以通过分析方法（推荐使用这种方法，但它需要为单独的导数函数进行编程）或数值方法（详见第 7 章）来完成。

在程序 8.3 中，可以看到牛顿-拉弗森算法的简化实现，此处没有进行收敛性测试（留给读者作为练习）。

程序 8.3 NewtonRaphson.m（可从 http://physics.wm.edu/programming_with_MATLAB_book/./ch_root_finding/code/NewtonRaphson.m 得到）

```
function [x_sol, f_at_x_sol, N_iterations] = NewtonRaphson(f, xguess, eps_f,
    df_handle)
%    Finds the root of equation f(x)=0 with the Newton-Raphson algorithm
```

```
%    f - the function to solve handle
%    xguess - initial guess (starting point)
%    eps_f - desired precision for f(x_sol)
%    df_handle - handle to the derivative of the function f(x)

%  We need to sanitize the inputs but this is skipped for simplicity

        N_iterations=0;  % initialization of the counter
        fg=f(xguess);    % value of function at guess point

        while( (abs(fg)>eps_f) ) % The xguess convergence check is not
            implemented
                xguess=xguess - fg/df_handle(xguess); % evaluate new guess
                fg=f(xguess);
                N_iterations=N_iterations+1;
        end
        x_sol=xguess;
        f_at_x_sol=fg;
    end
```

8.7.1　使用牛顿-拉弗森法进行解析求导

如果函数具有导数，我们看一看如何调用牛顿-拉弗森方法。

求解如下方程：

$$f(x) = (x-2) \times (x-3) \tag{8.15}$$

很容易看出上述函数 $f(x)$ 的导数为：

$$f'(x) = 2x - 5 \tag{8.16}$$

要求方程的根，首先要编码实现函数 f 和 f'：

```
>> f = @(x) (x-2).*(x-3);
>> dfdx = @(x) 2*x - 5;
```

现在，准备调用函数 NewtonRaphson：

```
>> xguess = 5;
>> eps_f=1e-8;
>> [x_1, f_at_x_sol, N_iterations] = NewtonRaphson(f, xguess, eps_f, dfdx)
x1 =
    3.0000
f_at_x_sol =
    5.3721e-12
N_iterations =
    6
```

方程有两个可能的根，经过 6 次迭代，我们只得到了其中的一个根 $x_1 = 3$。找到所有的根并不是一件简单的任务。但是，如果我们提供的初始估计更接近另一个根，算法就会收敛到这个根。

```
>> x2 = NewtonRaphson(f, 1, eps_f, dfdx)
x2 =
    2.0000
```

正如所料，我们得到了第二个根 $x_2 = 2$。严格地说，我们得到的是根的近似值，因为 x_sol2 并不是完全准确的 2：

```
>> 2-x_sol2
ans =
    2.3283e-10
```

但是，这就是我们期望数值算法得到的结果。

8.7.2 使用牛顿-拉弗森法进行数值求导

我们求解以下方程的根：

$$g(x) = (x-3) \times (x-4) \times (x+23) \times (x-34) \times \cos(x) \tag{8.17}$$

在这种情况下，由于 $g'(x)$ 过于烦琐，我们将采用数值求导方法。如果采用解析方法，解析导数的推导过程可能会出错。

首先，我们运用一般的前向差分公式（参见 7.3 节，详细了解为什么这不是最好的方法）：

```
>> dfdx = @(x, f, h) (f(x+h)-f(x))/h;
```

然后，实现函数 $g(x)$：

```
>> g = @(x) (x-3).*(x-4).*(x+23).*(x-34).*cos(x);
```

现在，我们准备进行 $g'(x)$ 数值导数的具体实现，选择步长 1e-6。

```
>> dgdx = @(x) dfdx(x, g, 1e-6);
```

最后，我们搜索得到一个根（注意：在这里使用了 g 和 dgdx）。

```
xguess = 1.4; eps_f=1e-6; x_sol = NewtonRaphson(g, xguess,
    eps_f, dgdx)
x_sol =
    1.5708
```

注意：$\pi/2 \approx 1.5708$。算法收敛的根使 $\cos(x) = 0$，因此 $g(x) = 0$。

8.8 Ridders 法

顾名思义，这个方法是由 Ridders[10] 提出的。在 Ridders 方法中，考虑到方程的曲率，我们用非线性方程近似式（8.8），从而得到较好的近似值。技巧在于近似函数的特殊形式，它是两个方程的乘积：

$$f(x) = g(x)e^{-C(x-x_r)} \tag{8.18}$$

其中，$g(x) = a + bx$ 是一个线性函数；C 是常数；x_r 是任意参考点。

将函数写成这种形式的优点是，如果 $g(x_0) = 0$，那么 $f(x_0) = 0$，一旦知道系数 a 和 b，则很容易得到满足 $g(x) = 0$ 的 x 值。

由于我们对函数 $f(x)$ 做了更好的近似，因此可以期望这种方法的收敛速度更快。但也要付出代价：这个算法要复杂一点，除了区间端点，需要进行额外的函数计算，因为我们有 3 个未知数 a、b、C 要求解，其中 x_r 可以自由选择。

如果我们选择的附加点位置为 $x_3 = (x_1 + x_2)/2$，那么估计值 x_4 的计算就很简单了，可以直接用适当的区间端点 x_1 和 x_2 来计算。

$$x_4 = x_3 + \text{sign}(f_1 - f_2) \frac{f_3}{\sqrt{f_3^2 - f_1 f_2}}(x_3 - x_1) \tag{8.19}$$

其中，$f_i = f(x_i)$，而 $\text{sign}(x)$ 表示函数参数的符号：当 $x > 0$ 时，$\text{sign}(x) = +1$；当

$x<0$ 时，$\mathrm{sign}(x)=-1$；当 $x=0$ 时，$\mathrm{sign}(x)=0$。估计点的搜索过程如图 8.6 所示，其中 $x_r=x_3$。

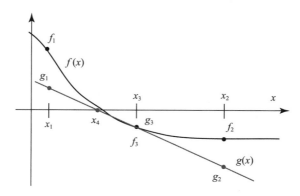

图 8.6 Ridders 法示意图，参考点位置为 $x_r=x_3$，$x_3=(x_1+x_2)/2$

Ridders 法算法概要

1）找到适当的包含根的区间端点 x_1 和 x_2。x_1 和 x_2 哪个为正、负端点并不重要，但这两点处的函数值必须具有不同的符号，即 $f(x_1)\times f(x_2)<0$。

2）循环开始。

3）找到区间中点 $x_3=(x_1+x_2)/2$。

4）通过下面的公式为根找到新的近似值：

$$x_4 = x_3 + \mathrm{sign}(f_1-f_2)\frac{f_3}{\sqrt{f_3^2-f_1f_2}}(x_3-x_1) \tag{8.20}$$

其中，$f_1=f(x_1)$，$f_2=f(x_2)$，$f_3=f(x_3)$。

5）如果 x_4 满足要求的精度，而且达到收敛条件，则停止。

6）重新确定含根区间，使用旧值给 x_1 和 x_2 重新赋值：新区间的一个端点是 x_4，有 $f_4=f(x_4)$；另一个端点是 $(x_1，x_2，x_3)$ 中更接近 x_4 的点，而且**必须满足区间端点函数值异号**。

7）重复循环。

在 Ridders 算法中，根总是包含在适当的区间内，因此，算法总是收敛的，而 x_4 总能保证位于初始区间内。总的来说，算法的收敛性是二次的（$m=2$）。然而，它计算 f_3 和 f_4 时需要进行两次函数计算，因此，算法的实际收敛阶数 $m=\sqrt{2}$[10]。

8.9 求根算法的陷阱

含根区间算法是鲁棒的，总是能收敛，但试位法的收敛速度可能比较慢。通常情况下，试位法的性能优于二分法，但对于某些函数，情况并非如此。请看图 8.7 所示的情况。在本例中，每次迭代区间只收缩一小部分。如果函数水平方向的长尾更接近 x 轴，则其收敛性会更糟。

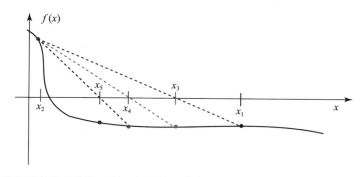

图 8.7　试位法缓慢的收敛陷阱。想一想如果函数水平方向的长尾更接近 x 轴，其收敛性会怎样

　　非含根区间算法，如牛顿-拉弗森法和割线法，其收敛速度通常比它们对应的区间算法要快。然而，它们的收敛性却没有保证。事实上，它们甚至会发散，远离真实的根。请看图 8.8，它显示了牛顿-拉弗森法的收敛陷阱。只经过 3 次迭代，估计点就偏离了真实根和初始估计值。

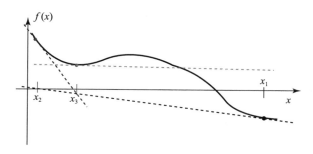

图 8.8　牛顿-拉弗森法的收敛陷阱：估计点 x_4 的位置在 x 轴的右端，远离了初始估计值 x_1

> **智慧之言**
>
> 实际上并没有能在所有情况下都起作用的银弹算法。我们应该仔细研究要搜索根的函数，看看是否满足算法的所有相关要求。在不确定时，要牺牲速度，选择一个更鲁棒但速度较慢的区间算法。

8.10　求根算法总结

　　我们并没有考虑所有的求根算法。这里只覆盖了求根算法中的一小部分。如果你有兴趣了解更多信息，可以阅读文献[9]。

　　在这里，我们对根区间算法和非含根区间算法进行了简单的总结，如表 8.1 所示。

表 8.1　根区间算法、非含根区间算法及优缺点

根区间算法	非含根区间算法
二分法 试位法 Ridders 法	牛顿-拉弗森法 割线法

（续）

根区间算法	非含根区间算法
优点	优点
鲁棒，即总是收敛	速度更快 不需要选择搜索区间（只要给一个合理的起始点）
缺点	缺点
通常收敛速度比较慢 需要确定初始含根区间	有可能不收敛

8.11 MATLAB 内置求根命令

MATLAB 使用 fzero 函数来求解方程的根。在 fzero 函数内部，它综合使用了二分法、割线法和逆二次插值法。内置的 fzero 有很多选项，这里用它最简单的形式，我们调用它求解方程(8.5)。

只提供起始点来搜索根：

```
>> f = @(x) exp(x) - 10*x;
>> fzero(f, 10)
ans =
    3.5772
```

这种方式没有对可能找到的根进行控制。我们可以提供合适的区间，在这个区间内找到要求的根：

```
>> f = @(x) exp(x) - 10*x;
>> fzero(f, [-2,2])
ans =
    0.1118
```

在这种情况下，区间范围是 $-2\sim2$。正如所看到的，我们得到了与 8.3 节第二个示例中二分法相同的根。

8.12 自学

一般要求：

1）至少使用函数 $f(x)=\exp(x)-5$ 来测试你的实现方法，初始区间为$[0,3]$，但不要局限于这一个例子。

2）如果初始区间不适用（比如，牛顿-拉弗森算法），则使用区间的右端点作为算法的起始点。

3）所有方法都应该针对以下参数进行测试：eps_f=1e-8 和 eps_x=1e-10。

习题 8.1

编写试位法的正确实现。函数定义如下：

function [x _ sol, f _at _ x _ sol, N _ iterations] = regula _falsi(f, xn, xp, eps _ f, eps _ x)

习题 8.2

编写割线法的正确实现。函数定义如下：

function [x _ sol, f _ at _ x _ sol, N _ iterations] = secant(f, x1, x2, eps _ f, eps _ x)

习题 8.3

编写牛顿-拉弗森法的正确实现。函数定义如下：

function [x_sol, f_at_x_sol, N_iterations] = NewtonRaphson(f, xstart, eps_f, eps_x, df_handle)

注意，df_handle 是计算函数 f 导数的函数句柄，它可以是 $f'(x)$ 的解析表示，也可以是使用中心差分公式的数值估计。

习题 8.4

编写 Ridders 法的正确实现。函数定义如下：

function [x_sol, f_at_x_sol, N_iterations] = Ridders(f, x1, x2, eps_f, eps_x)

习题 8.5

用实现的每个求根算法求解以下两个函数的根：

1) $f_1(x) = \cos(x) - x$，初始区间为 $[0, 1]$；

2) $f_2(x) = \tanh(x - \pi)$，初始区间为 $[-10, 10]$。

为这些算法建立比较表，表中行标题如下：

- 方法名称
- 函数 $f_1(x)$ 的根
- $f_1(x)$ 函数使用的初始区间或起始点
- 求解 $f_1(x)$ 的迭代次数
- 函数 $f_2(x)$ 的根
- $f_2(x)$ 函数使用的初始区间或起始点
- 求解 $f_2(x)$ 的迭代次数

如果算法偏离了所建议的初始区间，请指出这一点，然后对区间进行适当修改，并在上表中显示修改后的区间。说明你对这些方法的速度和鲁棒性的结论。

数值积分方法

本章讨论了几种计算数值积分的方法。我们通过比较算法的误差来讨论每种方法的优缺点。本章涵盖了一维积分和多维积分，及其计算过程中的潜在陷阱。

计算积分的能力非常重要。有一个这样的故事，在过去，只有当船装载了等量货物、能够操纵并浮在水面上时，才会在船上切割炮口。这是因为用当时不发达的数学知识，不可能计算出船的排水量，即船体描述函数的积分。因此，不能正确估计船的浮力。这样，直到船完全漂浮在水面上，才能确定吃水线的位置。

此外，并不是每个积分都能进行解析计算，甚至一些相对简单的函数。

示例

用以下公式定义的高斯误差函数不能仅用初等函数进行计算：

$$\mathrm{erf}(y) = \frac{2}{\sqrt{\pi}} \int_0^y \mathrm{e}^{-x^2} \, \mathrm{d}x$$

9.1 积分问题描述

首先，我们考虑一维积分的计算，由于这种运算等价于求给定函数曲线下的面积，因此也称为求面积(quadrature)。

$$\int_a^b f(x) \mathrm{d}x$$

令人惊讶的是，人们不需要知道任何高级数学知识就可以做到这一点。你只需要一台精确的秤和一把剪刀就可以了。具体过程是这样的：在具有一定密度和重量的材料上画出函数线，用剪刀剪出需要的区域，称出所剪材料的质量，把获得的质量除以材料的密度和厚度，这样就完成了面积的计算。当然，这不是很精确，听起来也没有技术含量。因此，我们将使用更现代的数值方法。

> **智慧之言**
>
> 一旦你能熟练使用计算机，就会倾向于用数值方法来解决所有问题。请抵制这种想法！如果你能找到问题的解析解，最好使用这种方法。解析法通常计算速度更快，更重要的是它能提供一些对整体问题的物理直觉。数值解通常不具备预测能力。

9.2 矩形法

通过黎曼和的积分定义：

$$\int_a^b f(x)\,\mathrm{d}x = \lim_{N\to\infty}\sum_{i=1}^{N-1} f(x_i)(x_{i+1}-x_i) \tag{9.1}$$

其中，$a\leqslant x_i\leqslant b$；$N$ 是点的个数。

黎曼定义为矩形法提供了方向：通过一组框或矩形来近似曲线下面的区域（见图 9.1）。为了简单起见，我们在 N 个等间隔点上计算函数积分，各点在区间 (a,b) 上以距离 h 进行等分。

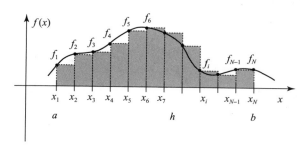

图 9.1 矩形法示意图。阴影框近似表示曲线下面积。此处 $f_1=f(x_1=a)$，$f_2=f(x_2)$，$f_3=f(x_3)$，$\cdots$，$f_N=f(x_N=b)$

矩形法积分估计

$$\int_a^b f(x)\,\mathrm{d}x \approx \sum_{i=1}^{N-1} f(x_i)h \tag{9.2}$$

其中：

$$h = \frac{b-a}{N-1},\, x_i = a+(i-1)h,\, x_1 = a,\, x_N = b \tag{9.3}$$

该方法的 MATLAB 实现非常简单，参见程序 9.1：

程序 9.1 integrate_in_ld.m（可从 http://physics.wm.edu/Programming_with_MATLAB_book/./ch_integration/code/integration_in_ld.m 获得）

```
function integral1d = integrate_in_1d(f, a, b)
% integration with simple rectangle/box method
% int_a^b f(x) dx

N=100; % number of points in the sum
x=linspace(a,b,N);

s=0;
for xi=x(1:end-1) % we need to exclude x(end)=b
    s = s + f(xi);
end

%% now we calculate the integral
integral1d = s*(b-a)/(N-1);
```

为了演示如何使用该方法，我们来验证 $\int_0^1 x^2\,\mathrm{d}x = 1/3$：

```
f = @(x) x.^2;
integrate_in_1d(f,0,1)
ans =  0.32830
```

很好，0.32830 非常接近期望值 1/3。这与精确结果有较小的偏差，这是因为使用的点数较少，我们使用的数据点数为 $N=100$。

如果你有低级语言（从数组函数实现的角度来看）的编程经验，比如 C、Java 等，那么你首先会想到这种实现方式。虽然它是正确的，但是它没有充分利用 MATLAB 使用矩阵作为函数参数的能力。现在有一个避免使用循环的更好的方法，如程序 9.2 所示。

程序 9.2 integrate_in_matlab_way.m（可从 http://physics.wm.edu/programming_with_MATLAB_book/./ch_integration/code/integration_in_1d_matlab_way.m 获得）

```
function integral1d = integrate_in_1d_matlab_way(f, a, b)
% integration with simple rectangle/box method
% int_a^b f(x) dx

N=100; % number of points in the sum
x=linspace(a,b,N);

% if function f can work with vector argument then we can
   do
integral1d = (b-a)/(N-1)*sum( f( x(1:end-1) ) ); % we
   exclude x(end)=b
```

> **智慧之言**
>
> 在 MATLAB 中，与使用向量或矩阵作为参数的等价函数相比，循环计算通常要慢一些。尽量避免在矩阵元素上迭代求值的循环。

矩形法算法误差

虽然矩形法非常简单，易于理解和实现，但是它却有可怕的算法误差和很慢的收敛速度。让我们分析一下其中的原因。仔细观察图 9.1 可以发现，矩形方框常常会低估（如 x_1 和 x_2 之间的方框）或高估（如 x_6 和 x_7 之间的方框）曲线下的面积。这就是算法的误差，它与 $f'h^2/2$（即矩形方框与曲线之间小三角形的面积）成正比。由于我们有 $N-1$ 个间隔，在最坏的情况下，这些误差会累积起来。所以，我们认为矩形法的算法误差为 E。

矩形法算法误差估计

$$E = \mathcal{O}\left((N-1)\,\frac{h^2}{2}f'\right) = \mathcal{O}\left(\frac{(b-a)^2}{2N}f'\right) \tag{9.4}$$

式（9.4）的最后一项，假设 N 足够大，我们用 N 代替 $N-1$。使用符号 $\mathcal{O}$ 表示大写字母 O，即有一个未知的比例系数。

9.3　梯形法

如图 9.2 所示，用梯形来近似每个间隔是规避矩形法弱点的一种尝试。换句话说，我们对积分函数做了线性逼近。利用梯形面积公式，我们把每个间隔的面积近似为 $h(f_{i+1} + f_i)/2$，然后对所有的间隔求和。

梯形法积分估计

$$\int_a^b f(x)\mathrm{d}x \approx h \times \left(\frac{1}{2}f_1 + f_2 + f_3 + \cdots + f_{N-2} + f_{N-1} + \frac{1}{2}f_N \right) \tag{9.5}$$

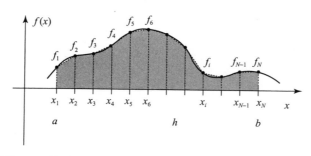

图 9.2　梯形法示意图，带阴影的梯形近似表示曲线下面积

式(9.5)中，中间的点没有系数 1/2，因为它们计算了两次，左边梯形和右边梯形计算面积时各使用了一次。

梯形法算法误差

为了评价算法误差，应该注意我们使用函数的线性近似，而忽略了二阶项。回顾泰勒展开式，这意味着对于一阶近似，我们忽略了二阶导数(f'')项的贡献。稍微有点耐心，就能得到如下形式的算法误差。

梯形法算法误差估计

$$E = \mathcal{O}\left(\frac{(b-a)^3}{12N^2}f'' \right) \tag{9.6}$$

我们将矩形法(式(9.2))和梯形法(式(9.5))的积分估计进行比较：

$$\int_a^b f(x)\mathrm{d}x \approx h \times (f_2 + f_3 + \cdots + f_{N-2} + f_{N-1}) + h \times (f_1) \tag{9.7}$$

$$\int_a^b f(x)\mathrm{d}x \approx h \times (f_2 + f_3 + \cdots + f_{N-2} + f_{N-1}) + h \times \frac{1}{2}(f_1 + f_N) \tag{9.8}$$

很容易发现这两种方法几乎相同，唯一的区别在于公式的第二项，矩形法中是 $h \times (f_1)$，梯形法中是 $h \times \frac{1}{2}(f_1 + f_N)$。虽然这看起来是积分公式的微小变化，但是，对于梯形法来说，它使算法误差减少到 $1/N^2$，这比矩形法的 $1/N$ 要好得多。

9.4   辛普森法

下一个逻辑步骤是用二阶曲线近似函数，即抛物线（见图 9.3）。这样就有了**辛普森法**（Simpson's method）。我们考虑一个由连续点组成的三元组 (x_{i-1}, f_{i-1})，(x_i, f_i) 和 (x_{i+1}, f_{i+1})。通过这些点的抛物线下面积为 $h/3 \times (f_{i-1} + 4f_i + f_{i+1})$。那么，我们对所有三元组的面积进行求和，得到辛普森法积分估计：

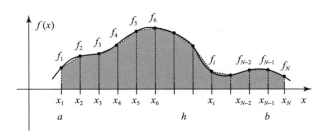

图 9.3   辛普森法示意图

$$\int_a^b f(x)\mathrm{d}x \approx h\,\frac{1}{3} \times (f_1 + 4f_2 + 2f_3 + 4f_4 + \cdots + 2f_{N-2} + 4f_{N-1} + f_N) \tag{9.9}$$

N 必须符合特殊形式 $N = 2k+1$，$k = 1, 2, 3\cdots$，即 N 为奇数，且大于等于 3。

我们再次发现，第一点 f_1 和最后一点 f_N 点比较特殊，它们只计算了一次，而每组的边缘点 f_3，$f_5\cdots$则计算两次，它们分别属于左、右两个三元组。

辛普森法算法误差

由于我们使用了函数泰勒展开的更多项，该方法的收敛性得到了提高，算法误差随着点数 N 的增加而下降得更快。

辛普森法算法误差估计

$$E = \mathcal{O}\!\left(\frac{(b-a)^5}{180N^4} f^{(4)}\right) \tag{9.10}$$

看到 $f^{(4)}$ 和 N^4，你可能会感到惊讶。这是因为当我们对一个三元组面积积分，中心点到左边和右边两点的距离为 h，所以就没有正比于 $x^3 \times f^{(3)}$ 的项了。

9.5   广义积分公式

细心的读者可能已经注意到，前面这些方法的积分公式可以写成以下通用形式。

广义数值积分公式

$$\int_a^b f(x)\mathrm{d}x \approx h\sum_{i=1}^{N} f(x_i)w_i \tag{9.11}$$

其中 w_i 为**权重系数**。

因此，人们没有理由使用矩形法和梯形法来代替辛普森法，虽然它们的计算量完全相同，但是辛普森法的计算误差随着点数的增加而急剧下降。

严格地说，即使辛普森法也不像其他使用高阶多项式逼近函数的方法那样优越。这些高阶方法与式(9.11)的形式完全相同，差别在于权重系数。关于这个问题的更详细讨论参见文献[9]。

9.6　蒙特卡罗积分

9.6.1　示例：计算池塘面积

假设我们要估算一个池塘的面积。很自然地，我们可能会直接拿卷尺来测量。然而，有一种更简便的方法，我们只需要绕着池塘走一圈，朝每个可能的方向扔些石头，在池塘周围画一个假想的矩形，看看所有的石头（N_{total}）中有多少落在池塘里（N_{inside}）。如图 9.4 所示，落入池塘的石头的比例应该与池塘面积和矩形面积的比例成正比。因此，我们得出结论，池塘的估计面积为 A_{pond}：

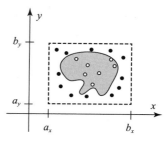

图 9.4　通过蒙特卡罗方法估算池塘面积

$$A_{pond} = \frac{N_{inside}}{N_{total}} A_{box} \qquad (9.12)$$

其中：

$$A_{box} = (b_x - a_x)(b_y - a_y)$$

A_{box} 是矩形的面积。上述估计要求抛掷的石头是随机均匀分布的⊖。为了增加石头投到池塘内的可能性，尽量缩紧围绕池塘的矩形是一个好主意。如果矩形相对池塘来说特别大，想象一下将会是什么情况：我们需要大量的石头（然而石头的数量是有限的）才能击中池塘一次，到那时，按照式(9.12)估计出的池塘面积将是 0。

9.6.2　朴素蒙特卡罗积分

曲线下面积的计算与图 9.5 中池塘面积的测量没有太大区别，所以有

$$\int_{a_x}^{b_x} f(x)\,\mathrm{d}x = \frac{N_{inside}}{N_{total}} A_{box}$$

9.6.3　蒙特卡罗积分推导

9.6.2 节中描述的方法并不是最优的。我们将重点关注点 x_b 附近的窄条（见图 9.6）。在这个窄条内，有

$$\frac{N_{inside}}{N_{total}} H \approx f(x_b) \qquad (9.13)$$

⊖　这并不是一个微不足道的任务。我们将在第 11 章讨论这个问题。现在，我们只是使用 MATLAB 提供的 rand 函数。

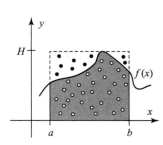

图 9.5   通过计算矩形中曲线下的点来估计积分

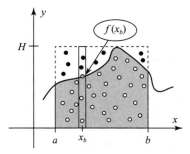

图 9.6   改进的蒙特卡罗方法图解

因此，如果我们能够立即得到 $f(x_b)$，就没有必要浪费所有资源了。因此，改进的蒙特卡罗积分估计方法如下：

蒙特卡罗方法积分估计

在区间$[a, b]$内选择 N 个随机均匀分布的点 x_i：

$$\int_a^b f(x)\mathrm{d}x \approx \frac{b-a}{N}\sum_{i=1}^N f(x_i) \tag{9.14}$$

9.6.4   蒙特卡罗方法的算法误差

仔细查看式(9.14)就会发现，$1/N\sum_{i=1}^N f(x_i) = \langle f \rangle$ 实际上是函数均值的统计估计。从统计学上讲，我们只能保证这个估计在均值估计的标准差范围内。这就引出了下面这个表达式。

蒙特卡罗方法的算法误差估计

$$E = \mathcal{O}\left(\frac{b-a}{\sqrt{N}}\sqrt{\langle f^2 \rangle - \langle f \rangle^2}\right) \tag{9.15}$$

其中：

$$\langle f \rangle = \frac{1}{N}\sum_{i=1}^N f(x_i)$$

$$\langle f^2 \rangle = \frac{1}{N}\sum_{i=1}^N f^2(x_i)$$

最右边的平方根项是函数标准差 $\sigma = \sqrt{\langle f^2 \rangle - \langle f \rangle^2}$ 的估计值。

看到式(9.15)，你可能会得出这样的结论：你浪费了宝贵的几分钟时间来阅读一个非常普通的方法，它的误差按比例减小到 $1/\sqrt{N}$。这甚至还不如误差较大的矩形法。

不要着急。在下一节中，我们将看到蒙特卡罗方法如何在多维积分中胜过其他方法。

9.7   多维积分

如果有人要求我们计算多维积分，我们只需要用到处理一维积分的知识。例如，对于二维积分，我们只是重新排列了积分顺序：

$$\int_{a_x}^{b_x}\int_{a_y}^{b_y}f(x,y)\mathrm{d}x\mathrm{d}y=\int_{a_x}^{b_x}\mathrm{d}x\int_{a_y}^{b_y}\mathrm{d}yf(x,y) \tag{9.16}$$

最后一项一维积分只是关于 x 的函数：

$$\int_{a_y}^{b_y}\mathrm{d}yf(x,y)=F(x) \tag{9.17}$$

因此，二维积分可以归结为两个链接起来的一维积分，我们已经学会如何处理这种情况了：

$$\int_{a_x}^{b_x}\int_{a_y}^{b_y}f(x,y)\mathrm{d}x\mathrm{d}y=\int_{a_x}^{b_x}\mathrm{d}xF(x) \tag{9.18}$$

二维积分示例

程序 9.3 展示了如何通过链接一维积分来实现二维积分。注意，它依赖于程序 9.1 中的一维积分（也可以使用其他方法）。

程序 9.3　integrate_in_2d.m（可从 http://physics.wm.edu/programming_with_MATLAB_book/./ch_integration/code/integrate_in_2d.m 获得）

```
function integral2d=integrate_in_2d(f, xrange, yrange)
% Integrates function f in 2D space
% f is handle to function of x, y i.e. f(x,y) should be valid
% xrange is a vector containing lower and upper limits of integration
%    along the first dimension.
%  xrange = [x_lower x_upper]
% yrange is similar but for the second dimension
% We will define (Integral f(x,y) dy) as Fx(x)
Fx = @(x) integrate_in_1d( @(y) f(x,y), yrange(1), yrange(2) );
%   ^^^^^ we fix 'x',        ^^^^^^^^^^^here we reuse this already fixed
%    x
%                                      so it reads as Fy(y)
% This is quite cumbersome.
% It is probably impossible to do a general D-dimensional case.
% Notice that matlab folks implemented integral, integral2, integral3
% but they did not do any for higher than 3 dimensions.

integral2d = integrate_in_1d(Fx, xrange(1), xrange(2) );
end
```

让我们计算下面的二维积分：

$$\int_0^2\mathrm{d}x\int_0^1(2x^2+y^2)\mathrm{d}y \tag{9.19}$$

```
f = @(x,y) 2*x.^2 + y.^2;
integrate_in_2d( f, [0,2], [0,1] )
ans =  5.9094
```

很容易看出准确答案是 6。观测结果与解析结果有一点偏差，这是由于计算过程中使用的点数较少。

9.8   蒙特卡罗多维积分

上一节中积分"链"的方法可以扩展到任意维数。我们现在可以停下来了吗?还没有那么快。请注意,如果 D 维中每一维的积分区间都分成 N 个点,这样计算数量和计算时间都将以 N^D 倍的速度增长。这使得矩形法、梯形法、辛普森法和其他类似的方法对高维积分毫无用处。

蒙特卡罗方法是一个明显的例外,即使对于多维情况,它看起来也很简单,保持了同样的 N 倍计算时间,并且它的误差仍然是 $1/\sqrt{N}$。

例如,三维积分的情况如下:

$$\int_{a_x}^{b_x} \mathrm{d}x \int_{a_y}^{b_y} \mathrm{d}y \int_{a_z}^{b_z} \mathrm{d}z f(x,y,z) \approx \frac{(b_x - a_x)(b_y - a_y)(b_z - a_z)}{N} \sum_{i=1}^{N} f(x_i, y_i, z_i) \quad (9.20)$$

多维积分的通用形式如下所示:

D 维空间的蒙特卡罗积分方法

$$\int_{V_D} \mathrm{d}V_D f(\vec{x}) = \int_{V_D} \mathrm{d}x_1 \mathrm{d}x_2 \mathrm{d}x_3 \cdots \mathrm{d}x_D f(\vec{x}) \approx \frac{V_D}{N} \sum_{i=1}^{N} f(\vec{x_i}) \quad (9.21)$$

其中,V_D 表示 D 维空间的体积;$\vec{x_i}$ 是 V_D 空间中随机均匀分布的点。

蒙特卡罗方法演示

为了说明蒙特卡罗方法的实现是多么优雅和简单,我们使用以下代码计算式(9.19)中的积分。

```
f = @(x,y) 2*x.^2 + y.^2;
bx=2; ax=0;
by=1; ay=0;
% first we prepare x and y components of random points
% rand provides uniformly distributed points in the (0,1)
   interval
N=1000; % Number of random points
x=ax+(bx-ax)*rand(1,N);   % 1 row, N columns
y=ay+(by-ay)*rand(1,N);   % 1 row, N columns

% finally integral evaluation
integral2d = (bx-ax)*(by-ay)/N * sum( f(x,y) )
integral2d =  6.1706
```

我们只使用了 1000 个点,结果非常接近解析值 6。

9.9   数值积分陷阱

9.9.1   使用大量的数据点

由于数值积分方法的算法误差随着 N 的增加而减小,因此增加数据点数是非常诱人的。但是,我们必须记住舍入误差,抵制这种诱惑。所以 h 不应该太小,或者说 N 不应该太大。正如式(9.1)中所描述的,N 肯定不应该是无限的,因为而我们的生命是有限的。

9.9.2　使用过少的数据点

如果积分函数变化非常快，而我们的采样点非常稀疏（见图 9.7），那么就存在欠采样的危险。我们应该首先绘制函数图形（如果计算代价不是很大），然后选择合适的采样点数：函数每个谷底值和峰值之间至少应该有两个或更多的采样点$^{\ominus}$。要检查积分运算是否达到了最佳，试着把使用的数据点翻倍，看看积分的估计值是否不再大幅变化。这就是所谓的自适应积分方法的基础，这种算法能自动决定所需的数据点数量。

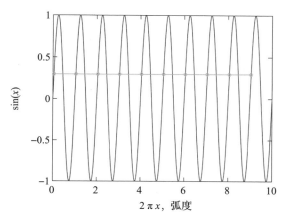

图 9.7　积分函数 $\sin(x)$（实线表示）选择错误数据点（圆圈表示）数量的示例。
所选样本给人的印象是函数是一条水平线

9.10　MATLAB 的积分函数

下面简要介绍 MATLAB 内置的积分函数：

1.　一维积分

- `integral`
- `trapz`：采用改进的梯形法
- `quad`：采用改进的辛普森法

下面代码演示了如何使用 `quad` 函数计算 $\int_0^2 3x^3 \mathrm{d}x$：

```
>> f = @(x) 3*x.^2;
>> quad(f, 0, 2)
ans =
    8.0000
```

正如预期的那样，答案是 8。注意，`quad` 期望积分函数的参数最好是向量（向量友好）。

$\ominus$　我们将在 15.2 节中详细讨论这个问题。

2. 多维积分

● integral2：适用于二维积分

● integral3：适用于三维积分

让我们计算二维积分 $\int_0^1 \int_0^1 (x^2 + y^2) \mathrm{d}x\mathrm{d}y$，它的结果等于 2/3。

```
>> f = @(x,y) x.^2 + y.^2;
>> integral2( f, 0, 1, 0, 1)
ans =
    0.6667
```

还有很多其他的内置函数。请参阅 MATLAB 的数值积分文档以了解更多信息。

MATLAB 的实现比我们讨论的方法更强大，但是，就算法核心来说，它们使用的方法都很类似。

9.11   自学

提示：

● 不要忘记运行一些测试用例。

● MATLAB 有内置的数值积分方法，如 quad。可以使用 MATLAB 内置函数得到的答案来检查自己代码的有效性。quad **要求积分函数能够处理** x **个点的数组，否则会失败。**

● 当然，与精确的解析解进行比较就更好了。

习题 9.1

编程实现梯形数值积分方法。定义函数为 trapezInt(f,a,b,N)，其中，a 和 b 是积分区间的左右端点，N 是数据点的数量，f 是积分函数句柄。

习题 9.2

编程实现辛普森数值积分方法。定义函数为 simpsonInt(f,a,b,N)。记住 N= 2k+1 的特殊形式。

习题 9.3

编程实现蒙特卡罗数值积分方法。定义函数为 montecarloInt(f,a,b,N)。

习题 9.4

为了测试你实现的算法，计算如下积分：

$$\int_0^{10} \left[\exp(-x) + (x/1000)^3 \right] \mathrm{d}x$$

画图表示以上方法(也包括矩形法)的积分绝对误差与不同数据点数 N 之间的关系。数据点数 N 的取值从 $N=3$ 到 $N=10^6$。使用 loglog 绘图函数能进行更好的表示(确保在绘图区域有足够多的点)。你能把这些趋势和式(9.4)、式(9.6)、式(9.9)和式(9.15)联系起来吗？对于比较大的 N，为什么误差会开始增大？对所有方法误差都会增加吗？为什么？

习题 9.5

计算积分 $\int_0^{\pi/2} \sin(401x) \mathrm{d}x$。

将你的结果与精确答案 1/401 进行比较。讨论计算这个积分所需的数据点数。

习题 9.6

计算二维积分 $\displaystyle\int_{-1}^{1} \mathrm{d}x \int_{0}^{1} \mathrm{d}y (x^4 + y^2 + x\sqrt{y})$ 。

比较使用蒙特卡罗数值积分方法和 MATLAB 内置函数 intefral2 所得的结果。

习题 9.7

对于任意维数 N 和球面半径 R，实现一种求 N 维球体积的方法：

$$V(N,R) = \iiint_{x_1^2 + x_2^2 + x_3^2 + \cdots + x_N^2 \leqslant R^2} \mathrm{d}x_1 \, \mathrm{d}x_2 \, \mathrm{d}x_3 \cdots \mathrm{d}x_N$$

用 $R=1$ 和 $N=20$ 计算球的体积。

第 10 章

Programming with MATLAB for Scientists：A Beginner's Introduction

数 据 插 值

在本章中，我们将介绍几种最常见的插值方法。假设有一个 $\{x\}$ 和 $\{y\}$ 作为数据点的数据集，我们的任务是提供一种算法，对于 x 轴上已知数据点之间的 x_i，它可以找到任意点 x_i 的插值 y_i。

数据总是不足，但即使获取一个数据点，也需要花费大量的时间、金钱和精力。然而，我们希望在数据点之间增加一些测量系统的表示。人工填充这种空隙的过程称为**数据插值**（data interpolation）。通常，人们容易将数据拟合（见第 6 章）和插值混淆。它们是两种根本不同的操作。拟合告诉我们空隙处的数据应该是什么样的，因为它假定数据符合某种模型，而插值告诉我们这些数据可能是什么样子。此外，插值曲线会通过已知的数据点，而拟合曲线却不一定通过相应的数据点。在可能的情况下，拟合应优先于插值。对于那些不知道底层方程、拟合需要花费太多时间的过程，我们应该使用插值方法。

10.1 最近邻插值

名字说明了一切。对于每个要插值的点 x_i，我们在数据集中找到 x 轴上最近的邻居，并使用它的 y 值作为插值。在程序 10.1 中，我们使用 MATLAB 实现了**最近邻插值**。

程序 10.1 interp_nearest.m（可从 http://physics.wm.edu/programming_with_MATLAB_book/./ch_interpolation/code/interp_nearest.m 获得）

```
function yi= interp_nearest(xdata,ydata,xi)
%% Interpolates by the nearest neighbor method
% xdata, ydata - known data points
% xi - points at which we want the interpolated values yi
% WARNING: no checks is done that xi values are inside xdata range

%% It is crucial to have yi preinitialized !
% It significantly speeds up the algorithm,
% since computer does not have to reallocate memory for  new data points.
% Try to comment the following line and compare the execution time
% for a large length of xi
yi=0.*xi; % A simple shortcut to initialize return vector with zeros.
          % This also takes care of deciding the yi vector type (row or column).

%% Finally, we interpolate.
N=length(xi);
for i=1:N % we will go through all points to be interpolated
    distance=abs(xdata-xi(i));
    % MATLAB's min function returns not only the minimum but its index too
    [distance_min, index] = min(distance);
    % there is a chance that 2 points of xdata have the same distance to the xi
    % so we will take the 1st one
    yi(i)=ydata(index(1));
end
end
```

在这段代码中，我们使用了 MATLAB 中 `min` 函数的特性，它不仅可以返回数组的最小值，还可以返回数组中最小值的索引或位置。下面的示例中我们要使用程序 10.2 中的数据点。

程序 10.2 data_for_interpolation.m(可从 http://physics.wm.edu/programming_with_MATLAB_book/./ch_interpolation/code/data_for_interpolation.m 获得)

```
xdata=[-1,  0,    3, 1,    5,  6, 10,  8];
ydata=[-2,  0.5,  4, 1.5,  8,  6,  2,  3];
```

插值点通过以下代码获得:

```
Np=300; % number of the interpolated points
xi=linspace(min(xdata), max(xdata),Np);
yi=interp1(x,y,xi,'nearest');
```

图 10.1 显示了数据点及最近邻法插值。

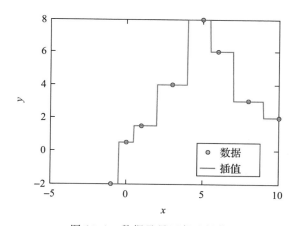

图 10.1　数据及最近邻法插值

10.2　线性插值

最近邻法的插值曲线有许多不连续点，视觉上没有吸引力。**线性插值**(linear interpolation)法缓解了这一问题。

我们将包含 N 个点的数据集分割成 $N-1$ 个间隔，给定间隔内的插值在通过边界点 $(x_i，y_i)$ 和 $(x_{i+1}，y_{i+1})$ 的直线上。这些通过程序 10.3 所示的代码来实现。

程序 10.3 interp_linear.m(可从 http://physics.wm.edu/programming_with_MATLAB_book/./ch_interpolation/code/interp_linear.m 获得)

```
function yi= interp_linear(xdata,ydata,xi)
%% Interpolates with the linear interpolation method
% xdata, ydata - known data points
% xi - points at which we want interpolated values yi
```

```
% WARNING: no checks is done that xi values are inside xdata range

% First, we need to sort our input vectors along the x coordinate.
% We need the monotonous growth of x

% MATLAB's sort function has an extra return value: the index.
% The list of indexes is such that x=xdata(index), where x is sorted
[x,index]=sort(xdata);
% We reuse this index to sort 'y' vector the same way as 'x'
y=ydata(index);

%% Second we want to calculate parameters of the connecting lines.
% For N points we will have N-1 intervals with connecting lines.
% Each of them will have 2 parameters slope and offset,
% so we need the parameters matrix with Nintervals x 2 values
Nintervals=length(xdata)-1;
p=zeros(Nintervals,2);
% p(i, 1) is the slope  for the interval between x(i) and x(i+1)
% p(i, 2) is the offset for the interval between x(i) and x(i+1)
% so y = offset*x+slope = p1*x+p2 at this interval
for i=1:Nintervals
    slope = ( y(i+1)-y(i) ) / ( x(i+1)-x(i) );  % slope
    offset = y(i)-slope*x(i);  % offset at x=0
    p(i,1)=slope;
    p(i,2)=offset;
end

%% It is crucial to have yi preinitialized !
% It significantly speeds up the algorithm,
% since computer does not have to reallocate memory for  new data
    points.
% Try to comment the following line and compare the execution time
% for a large length of xi
yi=0.*xi; % A simple shortcut to initialize return vector with zeros.
          % This also takes care of deciding the yi vector type (row or
            column).

%% Finally, we interpolate.
N=length(xi);
for i=1:N % we will go through all points to be interpolated
    % Let's find nearest left neighbor for xi.
    % Such neighbor must have the smallest positive displacement
    displacement=(xi(i)-x);
    [displ_min_positive, interval_index] = min( displacement(
        displacement >= 0 ));
    if (interval_index > Nintervals )
        % We will reuse the last interval parameters.
        % Since xi must be within the xdata range, this the case
        % when xi=max(xdata)
        interval_index = Nintervals;
    end
    % The index tells which  interval to use for the linear
        approximation.
    % The line is the polynomial of the degree 1.
    % We will use the MATLAB's 'polyval' function
    % to evaluate value of the polynomial of the degree n
    % at point x: y=p_1*x^n+p_2*x^(n-1)+ p_n*x +p_{n+1}
    % yi(i)= p(interval_index,1) * xi(i) +p(interval_index,2);
    poly_coef=p(interval_index,:);
    yi(i)=polyval(poly_coef,xi(i));
end
end
```

线性插值结果如图 10.2 所示。绘图时如果要求将数据点用线连接起来，可使用 MATLAB 的 plot 命令，该命令中就用到了线性插值。

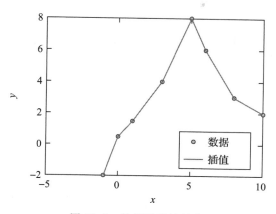

图 10.2 数据及线性插值

在程序 10.3 中，使用了 MATLAB 的 polyval 函数，该函数用来计算线性多项式的值。对于简单的直线来说这有点大材小用，但是在下一节中将看到它在更复杂的情况中的应用。

10.3 多项式插值

线性插值看起来比最近邻插值效果好，但是插值曲线仍然不平滑。下一个步骤是使用绝对光滑的高阶多项式，即它没有一阶导数不连续点。

我们将使用 MATLAB 的两个内置函数 polyfit 和 polyval 来实现它。函数 polyfit 能找到通过 N 个数据点的 $N-1$ 阶多项式的系数[⊖]。函数 polyval 根据以下公式求出多项式的值，多项式系数由数组 p 给出：

$$P_N(x) = p_1 x^N + p_2 x^{N-1} + \cdots + p_N x + p_{N+1} \tag{10.1}$$

得到的多项式插值代码如下：

```
% calculate polynomial coefficients
p=polyfit(xdata, ydata, (length(xdata)-1) );
%  interpolate
yi=polyval(p,xi);
```

多项式插值的结果如图 10.3 所示。在这种方法中，插值往往会波动，特别是对于高阶多项式。在 x 的值为 8~10 时，我们可以看到插值波动的前驱。通过数据点的线性插值直线(见图 10.2)，相对假想的平滑插值曲线波动相当大。虽然严格来说这并不是一件坏事，因为我们不知道数据点之间的数据到底是什么样子，但自然过程很少会出现这种波动。

⊖ 我们总是可以找到一个通过 N 个数据点的 $N-1$ 阶多项式，因为我们有足够的数据来形成 N 个方程求解 N 个未知的多项式系数。我们可以用第 5 章介绍的方法来完成这件事。

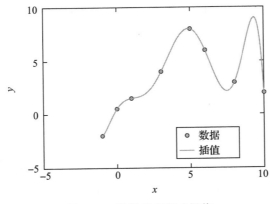

图 10.3　数据及多项式插值

真正的问题是，多项式插值对新数据点的添加非常敏感。看一下再添加一个点(2，1)会对图 10.4 中的插值曲线产生多大的影响。很明显，振荡行为增强了。同样，仔细比较图 10.3 和图 10.4 可以发现，其他位置的插值线也发生了变化。这显然是一个不受欢迎的特性。

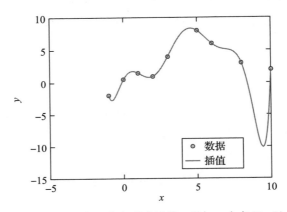

图 10.4　数据点及其多项式插值，增加一个点(2，1)

智慧之言

远离高阶多项式插值，它只会带来麻烦。

10.4　好的插值程序的准则

一个好的插值程序应该对新数据点的添加具有鲁棒性，即新数据点应该尽可能少地影响不相邻区间内的插值曲线。理想情况下，插值曲线应该没有任何改变。否则，每增加一个点都要重新计算插值曲线和相关系数。最近邻法和线性插值法满足这一准则。

10.5　三次样条插值

还有一种方法是三次样条插值(cubic spline interpolation)法，它能产生漂亮、光滑的插值曲线，而且相对不受添加新数据点的影响。在过去，这种方法通常用硬件来实现。每当需要平滑曲线时，人们就会用钉子或绳结来固定穿过结的弹性尺（或样条）的位置。由于弹性材料特性的"魔力"，这种连接是连续的和光滑的。

现在，我们通过设置底层方程来模拟对应的硬件。对于第 i 个相邻数据点之间的间隔，我们使用三阶多项式作为插值曲线。

$$f_i(x) = p_{1i}x^3 + p_{2i}x^2 + p_{3i}x + p_{4i}, x \in [x_i, x_{i+1}] \tag{10.2}$$

我们要求插值多项式通过区间的边界点：

$$f_i(x_i) = y_i \tag{10.3}$$

$$f_i(x_{i+1}) = y_{i+1} \tag{10.4}$$

式(10.3)和式(10.4)不足以约束 4 个多项式系数。因此，作为附加的约束条件，我们要求 $f_i(x)$ 在区间边界处有连续的一阶导数，以最小化弹性尺在节点处的弯曲：

$$f'_{i-1}(x_i) = f'_i(x_i) \tag{10.5}$$

$$f'_i(x_{i+1}) = f'_{i+1}(x_{i+1}) \tag{10.6}$$

这 4 个方程足以在每个间隔找到多项式的 4 个未知系数，除了最左边和最右边的间隔，因为它们缺少相邻的间隔。对于端点，我们可以为一阶或二阶导数选择任意约束条件。物理标尺可以在末端节点上自由移动，这样它看起来就像一条连接在端点上的直线（即没有弯曲）。因此，自然样条的边界条件是将端点处的二阶导数设置为 0。

$$f''_1(x_1) = 0 \tag{10.7}$$

$$f''_{N-1}(x_N) = 0 \tag{10.8}$$

接下来，我们将每个间隔内求解 4 个方程的任务交给计算机，得到相应的插值曲线，结果如图 10.5 所示。正如所见，样条插值曲线平滑、连续，并且"自然地"连接数据。这里没有给出三次样条插值法的具体算法；它并不是很复杂，尽管它涉及很多工作。我们可以把时间花在更令人兴奋的事情上，并直接使用 MATLAB 内置的实现方法。

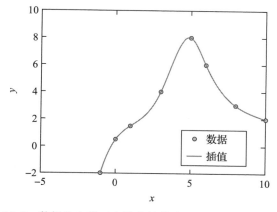

图 10.5　数据及自然三次样条插值法，增加一个点(2，1)

10.6   MATLAB 内置的插值方法

MATLAB 的内置函数实现了前面介绍的所有插值方法：

```
interp1(xdata, ydata, xi, method)
```

函数中，参数 method 的选项可以是：

- linear：线性插值（默认）
- nearest：最近邻插值
- spline：三次样条插值

其他的方法和选项可参见帮助文档。

10.7   外推法

外推法（extrapolation）是在测量区域以外填充空白的过程。MATLAB 内置函数允许我们发送一个额外参数来获得外推点。

然而，还是应避免外推$^\ominus$，唯一的例外是我们已经有了所分析过程的模型。

10.8   插值的非常规应用

寻找插值线穿过 $y=0$ 水平线的位置

假设我们有很多数据点，想要估计潜在过程穿过 $y=0$ 水平线的位置。可以选择任何插值方法来模拟数据生成过程，比如三次样条。

```
>> fi = @(xi) interp1(xdata, ydata, xi, 'linear')
```

然后，我们可以使用第 8 章中描述的各种求根算法来找到答案。例如：

```
>> xguess=0;
>> xi0= fsolve( fi, xguess)
xi0 = -0.2000
```

但是这是一种非常低效的方法，因为在迭代求根过程中需要进行多次插值函数计算。因此我们必须抵制诱惑，不要使用这种方法。

更好的方法是对 xdata 和 ydata 进行翻转，然后求 $y_i=0$ 点处的插值。只需要一行代码就能完成这一切：

```
xi0 = interp1(ydata, xdata, 0, 'linear')
```

还有一点需要注意：翻转曲线对于每个新的 x 必须只有一个值，我们的示例数据就不满足这个条件，如图 10.6 所示。因此，我们必须在 "根" 附近约束数据集。在我们的例子中，应该使用非翻转的数据点 $-3 \leqslant x_{\mathrm{data}} \leqslant 5$（见图 10.2）。所以，我们的根估计代码会稍

$\ominus$ 在使用卫星监测天气之前，气象学家花费了大量的金钱和精力，将人工气象站设置在靠近南北极的地方，以避免外推，并提供可靠的天气预报。

微有点复杂。

```
>> indx = ( -3 <= xdata ) & ( xdata <=5 ); % which x
   indices satisfy the constrains
>> x_constrained = xdata(indx);
>> y_constrained = ydata(indx);
>> xi0 = interp1(y_constrained,x_constrained,0,'linear')
xi0 = -0.2000
```

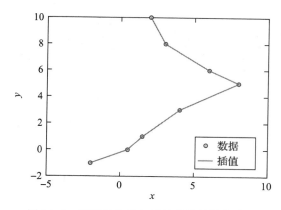

图 10.6　翻转的数据与翻转的线性插值曲线

如果使用不同的插值技术，第一种和第二种方法得到的根可能不同，因为约束数据在插值中可能有不同的弯曲。无须太过担心，因为这只是一种估计。在任何情况下，我们都不知道空白处的数据是什么样的，所以任何估计都是好的估计，尽管线性样条插值会产生相同的结果，也就是说，它对根估计方法是鲁棒的。

10.9　自学

习题 10.1

利用 MATLAB 的函数 interp1 和 spline，找出插值线穿过 $y=0$ 水平线的位置。在下列点上进行插值：(2，10)、(3，8)、(4，4)、(5，1)、(6，−2)。

使用这些数据搜索插值线穿过 $x=0$ 竖直线的点是否合理？为什么？

习题 10.2

对原始数据(见程序 10.2)和相同的新加数据点(2，1)，绘制三次样条插值结果。这种方法对新添加的数据是否鲁棒？与多项式插值法相比，你会推荐使用三次样条插值法吗？

深入研究并扩展科学家的工具箱

Programming with MATLAB for Scientists：A Beginner's Introduction

随机数生成器和随机过程

本章介绍了随机数生成器、评价生成的"随机性"质量的方法以及 MATLAB 内置的生成各种随机分布的命令。

如果注意观察，我们会发现许多过程是不确定的，也就是说，我们不确定它们的结果。我们不能确定明天是否会下雨；银行对贷款回收情况也并不确定；有时候，我们甚至不知道我们的汽车能否启动。文明让我们的生活尽可能变得可以预测，也就是说，我们很确定明天屋顶不会漏雨，杂货店会有水果出售。然而，我们不能排除计算中的不确定性因素。为了对这种不确定性或随机过程建模，我们使用随机数生成器（RNGs）。

11.1 统计和概率简介

11.1.1 离散事件的概率

在开始讨论随机数生成器之前，我们需要设置一些定义。假设我们记录了某个过程的观察结果，这个过程产生了多个离散的结果或事件。举例来说，试想抛一个六面骰子，它可能产生的结果是 1~6 的数字。离散事件 x 的概率（p）的数学和物理定义如下：

$$p_x = \lim_{N_{\text{total}} \to \infty} \frac{N_x}{N_{\text{total}}} \tag{11.1}$$

其中，N_x 是指定事件 x 的数量；N_{total} 是所有事件的总数。

我们将不得不多次（理想情况是无限次）投掷骰子，检查得到某个特定数字的概率是多少。这是非常耗时的，所以在大多数情况下只进行有限次的实验，我们只能得到概率的估计值⊖。有时候，如果我们对过程有所了解，就可以指定这样的概率。例如，如果假设六面骰子是对称的，投掷结果中出现某个数字的概率没有理由比其他数字更大，因此得到任何结果的概率都是 $\frac{1}{6}$。

11.1.2 概率密度函数

虽然在现实生活中所有的事件都是离散的，但从数学上讲，处理连续事件是很方便的，也就是说，无论我们选择的间隔有多小，在这个间隔内总是有一个可能事件紧挨着另一个事件。例如，想象一下从 0~1 区间中抽取一个随机实数的概率。这个区间（其他任何

⊖ 在某些情况下，我们根本不能给结果赋一个概率，至少不是式（11.1）那种形式的概率。比如我们不能给出在半人马座阿尔法（Alpha Centauri）行星上发现生命的概率是多少；我们还没有做任何测量，也就是说，N_{total} 为 0。还有其他方法可以通过条件概率来实现，但这超出了本章讨论的范围。

非零区间也一样）内的实数无限多，因此，抽取任何特定数值的概率都为 0。

在这种情况下，我们应该讨论事件 x 的概率密度，它是通过以下方法计算的：我们将区间分割成 m 个等距离的分箱（bin），多次运行我们的随机过程，然后计算事件的概率密度。

事件 x 的概率密度估计

$$p(x) = \lim_{N_{\text{total}} \to \infty} \frac{N_{x_b}}{N_{\text{total}}} \tag{11.2}$$

其中，N_{x_b} 是落在同一个分箱内的事件数；N_{total} 是所有事件的总数。

从这个定义中可以看出，如果分箱的数量（m）无限，对所有的分箱求和：

$$\sum_{i=1}^{m} \frac{N_i}{N_{\text{total}}} = \int p(x) \mathrm{d}x = 1 \tag{11.3}$$

与离散事件概率的情况类似，有时可以先验地赋值概率密度分布。

11.2　均匀随机分布

均匀分布是一种非常有用的概率分布。可以在第 12 章和 9.6 节中看到它的广泛使用。顾名思义，均匀分布的密度函数是均匀的，也就是说，任何地方的概率密度都是一样的。这意味着在给定区间内抽取一个数的概率是相同的。为了方便起见，默认的区间设置为 0～1。如果需要此区间内的一个数字，只需要执行 MATLAB 的内置 rand 函数。

```
>> rand()
ans = 0.8147
```

你的结果可能会不一样，因为我们处理的是随机数。

让我们检查 MATLAB 生成器的一致性。

```
r=rand(1,N);
hist(r,m);
```

第一个命令生成 N 个随机数；第二个命令将区间分割为 m 个分箱，计算随机数进入给定分箱的次数，并绘制直方图（因此命名为 hist），即每个分箱的事件数。结果如图 11.1 所示。很明显，我们击中给定分箱的次数大致相同，即分布是均匀的。与事件的

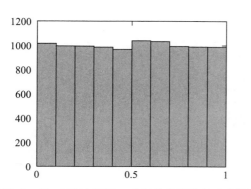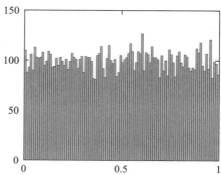

图 11.1　$N=10000$ 随机、均匀分布事件的直方图，左图分箱数为 $m=10$，右图分箱数为 $m=100$

数量相比，当分箱的数量相对较大时，我们开始看到分箱之间数量的变化（见图 11.1 右图）。如果我们增加随机事件的数量，这种分箱之间的差异将会减少。

11.3 随机数生成器和计算机

"随机"一词的意思是指，不能根据先前的信息预测结果。计算机是非常精确的，它怎么能够生成随机数呢？它不能！

我们所能做得最好的事情就是生成一个伪随机数序列。所谓"伪"（pseudo），是指从相同的初始条件开始，计算机将生成完全相同的数字序列（非常便于调试）。但是，序列看起来像随机数，并且具有随机数的统计特性。换句话说，如果我们不知道 RNG 算法，就无法根据已知的数字序列来预测下一个要生成的数字，而这些数字要服从所需的概率分布。

11.3.1 线性同余生成器

在 $0\sim m$-1 区间内生成均匀分布整数的一种非常简单的算法是**线性同余生成器**（Linear Congruential Generator，LCG）。它使用的是下面的递归公式：

$$r_{i+1} = (a \times r_i + c) \bmod m \tag{11.4}$$

其中，m 表示模量，为整数；a 表示乘数，$0<a<m$；c 表示增量，$0 \leqslant c<m$；r_1 表示种子值（初始值），$0 \leqslant r_1<m$；mod 表示除以 m 运算后的模量。

所有的伪随机生成器都有一个周期（参见 11.3.2 节），LCG 也不例外。一旦 r_i 重复了前一个值，生成的序列也会重复。

LCG 最多可以生成 m 个不同的数字，因为这是对 m 求余运算得到的不同结果。参数 a，c，m，r_1 如果选择得不好会导致更短的周期。

示例

参数为 $m=10$、$a=2$、$c=1$、$r_1=1$ 的 LCG 算法，在 10 个可能的数字中只生成了 4 个不同的数字：$r=[1, 3, 7, 5]$，然后 LCG 就会自我重复。

我们使用 MATLAB 给出了 LCG 算法的可能实现，如程序 11.1 所示。

程序 11.1 lcgrand.m（可从 http://physics.wm.edu/programming_with_MATLAB_book/./ch_random_numbers_generators/code/lcgrand.m 获得）

```
function r=lcgrand(Nrows,Ncols, a,c,m, seed)
% Linear Congruential Generator - pseudo random number
   generator

       r=zeros(Nrows, Ncols);
       r(1)=seed; % this equivalent to r(1,1)=seed;

       for i=2:Nrows*Ncols;
               r(i)= mod( (a*r(i-1)+c), m);
               % notice r(i)  and r(i-1)
```

```
                        % there is a way to address
                          multidimensional array
                        % with only one index
                end
                r=r/(m-1); %normalization to [0,1] interval
        end
```

LCG 是一种快速而简单的算法，但它是一种非常糟糕的随机数生成器[⊖]。遗憾的是，基于历史原因，很多数字库仍然在使用它，所以我们应该注意。幸运的是，MATLAB 默认情况下采用了不同的算法。

11.3.2　随机数生成器周期

即使最好的伪随机生成器，它的周期也不能大于 2^B，其中 B 是所有可用内存存储位的数目，这可以通过以下考虑来说明。假设我们有一个特定的位组合，然后运行随机数生成器（RNG），得到一个新的随机数。这必然会修改计算机的内存状态。由于内存位只能处于 on 或 off 状态，即只有两种可能的状态，所以不同内存状态的总数为 2^B。作为 RNG 的计算结果，计算机迟早会遍历所有可用的内存状态，并且将会与以前的状态相同。这时，RNG 将重复已生成的数字序列。

RNG 的典型周期要比 2^B 小得多，因为将所有存储空间都用来满足 RNG 的需求是不现实的。毕竟，除了生成随机数，其他的计算也需要占用内存。

尽管 RNG 的周期可能很长，但它不是无限的。例如，MATLAB 默认 RNG 的周期为 $2^{19937} - 1$。

为什么 RNG 的周期如此重要？回想一下，蒙特卡罗积分法的误差是 $\sim \dfrac{1}{\sqrt{N}}$（见 9.6.4 节）。只有当 N 小于使用的 RNG 周期（T）时，这才成立。当 $N>T$ 时，蒙特卡罗方法不能给出比 $\sim \dfrac{1}{\sqrt{T}}$ 更好的不确定性，因为它会反复抽样相同的 T 个随机数。要理解这一点，可以假设有人了解多数人的意见，他应该随机挑选很多人并征求他们的意见。如果他一遍又一遍地问同样的两个人，并不能提高对公众意见的估计。同样地，对于 $N>T$ 的情况，使用蒙特卡罗方法也不能得到很好的效果：它将不停地计算，但结果的精确性不会有任何提高。

11.4　如何检验随机数生成器

正如我们在前一节中所讨论的，如果不借助附加硬件，利用某些自然过程的随机性（例如，精密测量中出现的放射性衰变或量子噪声），计算机自己将不能产生真正的随机数字。因此，我们应该只关注 RNG 的统计性质。如果给定的 RNG 生成一个具有随机数属性的伪随机序列，那么我们应该乐于使用它。

⊖　尽量不要使用 LCG。

美国国家标准与技术研究所（NIST）提供一些检验 RNG 的软件和指南[2]，尽管检验所有必需的随机数属性并不容易，也几乎是不可能的。

用蒙特卡罗积分进行简单的 RNG 检验

如果只有统计性质是重要的，则可以通过以下方法来检验 RNG，即蒙特卡罗算法计算的积分偏差比它的真实值下降了 $\dfrac{1}{\sqrt{N}}$。

我们使用程序 11.2 检验 LCG 的性质，LCG 的系数为 $m=100$，$a=2$，$c=1$，$r_1=1$。为了实现这个目标，我们可以计算任意非常数函数的数值积分，这里我们用蒙特卡罗算法计算：

$$\int_0^1 \sqrt{1-x^2}\,\mathrm{d}x = \frac{\pi}{4} \tag{11.5}$$

然后，查看积分误差是否下降 $\dfrac{1}{\sqrt{N}}$。为了进行比较，我们还使用了 MATLAB 内置算法（rand）。检验代码如程序 11.2 所示。

程序 11.2 check_lcgrand.m(可从 http://physics.wm.edu/programming_with_MATLAB_book/./ch_random_numbers_generators/code/check_lcgrand.m 获得)

```
% We will calculate the deviation of the Monte Carlo
    numerical
% integration algorithm from the true integral value
% of the function below
f=@(x) sqrt(1-x.^2);
% integral of above on 0 to 1 interval is pi/4
% since we have shape of a quoter of the circle
trueInteralValue = pi/4;

Np=100; % number of trials
N=floor(logspace(1,6,Np)); % number of random points in
    each trial

% initialization of error arrays
erand=zeros(1,Np);
elcg =zeros(1,Np);

a = 2; c=1; m=100; seed=1;
for i=1:Np
    % calculate integration error
        erand(i)=abs( sum( f(rand(1,N(i))) )/N(i) -
            trueInteralValue);
        elcg(i) =abs( sum( f(lcgrand(1,N(i),a,c,m,seed)) )
            /N(i) - trueInteralValue);
end

loglog(N,erand,'o', N, elcg, '+');
set(gca,'fontsize',20);
legend('rand', 'lcg');
xlim([N(1),N(end)]);
xlabel('Number of requested random points');
ylabel('Integration error');
```

为了运行检验，执行如下命令：

```
check_lcgrand
```

图 11.2 给出了两种 RNG 方法的比较结果。可以看出，如果使用 MATLAB 的内置函数 rand，随着蒙特卡罗积分所用的数据点数的增加，积分误差会持续下降。通过观察误差对 N 的依赖关系，可以看到当 N 增加两个数量级时误差会下降一个数量级。误差与数据点的数量属于典型的 $\frac{1}{\sqrt{N}}$ 的关系。因此，MATLAB 的生成器通过了我们的检查。我们的 LCG 结果是完全不同的：当 N 达到 100 左右时，积分误差就停止下降了，当达到 $N \approx$ 1000 时，积分误差几乎保持恒定。LCG 数据的拐点（在数量级上）大致与 LCG 的周期一致。要记得，在本例中 $m = 100$，因此 LCG 的周期不会大于 100。

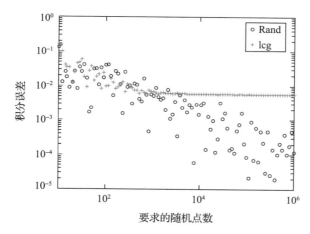

图 11.2 MATLAB 内置函数 RNG（圆圈）和 LCG（十字）的蒙特卡罗积分比较

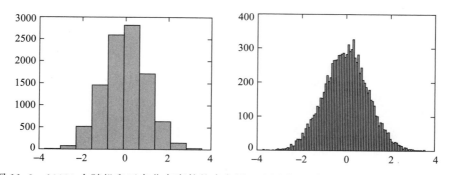

图 11.3 10000 个随机和正态分布事件的直方图，左图为 10 个分箱，右图为 100 个分箱

11.5 MATLAB 的内置随机数生成器

本章我们将注意力集中在均匀伪 RNG 上，其 MATLAB 实现为 rand 函数。它通常采用两个参数：要求的随机数矩阵的行数（Nrows）和列数（Ncols）。其典型调用格式为 rand(Nrows,Ncols)。例如：

```
>> rand(2,3)
ans =
   0.1270    0.6324    0.2785
   0.9134    0.0975    0.5469
```

MATLAB 还可以根据标准正态分布生成随机数，这时使用函数 randn。比较正态分布直方图和均匀分布直方图，图 11.3 为使用命令 r=randn(10000);hist(r,m)得到的正态分布的直方图，图 11.1 为使用均匀分布得到的直方图。

如果在计算中需要使用同样的伪随机数序列，请阅读如何正确使用 rng 函数，该函数用来控制 MATLAB 随机数生成器的初始状态。

11.6　自学

习题 11.1

考虑 LCG 随机数生成器，其参数为 $a = 11$，$c = 2$，$m = 65535$，$r_1 = 1$。该 LCG 随机序列的最佳长度或周期是什么？估计此 LCG 非重复序列的实际长度。

习题 11.2

试估计 MATLAB 内置 rand 生成器的非重复序列长度的下界。

蒙特卡罗仿真

涉及随机结果的仿真通常称为蒙特卡罗仿真。这个名字来自摩纳哥的蒙特卡洛地区，那里有一个著名的赌场，在很多电影和书籍中都有介绍。由于赌场中常设置机会游戏（如随机结果），因此，蒙特卡罗是随机数字仿真的恰当名称。

本章列举了一些随机过程模拟的例子，它们使用了第 11 章介绍的随机数生成器。我们首先以一个球在钉板上弹跳的例子开始，然后讨论抛硬币实验，最后模拟病毒传播过程。

12.1 钉板实验

想象这样一个实验：球在一块有多层钉子的木板上端落下。当球击中钉子时，它分别以 50/50 的机会向左或向右偏转。然后它会落到下一层的钉子上，又以相同概率从钉子的左边或右边落下，以此类推，直到球到达最后一层。这个过程如图 12.1 所示。我们想用计算机模拟整个过程。

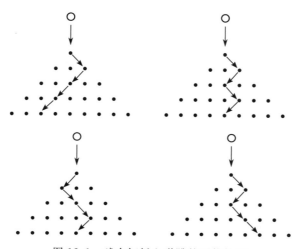

图 12.1　球在钉板上弹跳的可能轨迹

我们在描述中使用了"机会"这个词，这明显属于蒙特卡罗仿真的问题范畴。主要的障碍是将语句"$\frac{50}{50}$"从人类识别的符号转化为数学形式，该语句表明出现这两种情况的概率是相同的，都等于 $50/(50+50)=0.5$。为了根据结果做出决策，我们需要生成一个均匀分布的随机数，并将其与 0.5 进行比较。如果数值小于 0.5，通过将数值减 1 使球的位置向左移动；否则，通过将数值加 1 使球的位置向右移动。这里，我们假设所有相邻钉子间的间距都为 1。对每层钉子都重复这个过程。我们使用 MATLAB 的 rand 函数生成 0～1 区间内的随机数。

钉板实验的代码如程序 12.1 所示，它模拟了球的数量和钉子层数一定时的实现过程。

程序 12.1 pegboard.m(可从 http://physics wm.edu/programming_with_MATLAB_book/
./ch_monte_carlo_simulations/code/pegboard.m 获得)

```
function [x] = pegboard(Nballs, Nlayers)
%% Calculate a position of the ball after running inside
   the peg board
%       imagine a ball dropped on a nail
%               o
%               |
%               |
%               V
%               *
%              / \   50/50 chance to deflect left or right
%             /   \
%
% now we make a peg board with Nlayers of nails and run
   Nballs
%               *
%              * *
%             * * *
%            * * * *
% the resulting distribution of final balls positions
   should be Gaussian

x=zeros(1,Nballs);
for b=1:Nballs
        for i=1:Nlayers
                if (rand() < .5 )
                        % bounce left
                        x(b)=x(b)-1;
                else
                        % bounce right
                        x(b)=x(b)+1;
                end
        end
end

end
```

注意，得到的数组 x 包含每个球的最终位置。大多数时候，我们对蒙特卡罗仿真的单个结果不感兴趣。相反，我们要分析结果的分布。对于这个问题，我们将绘制出结果位置 x 的直方图。本例中，为了获得一个大的统计数据集，我们使 10^4 个球在 40 层的钉板上运行，执行以下命令：

```
x=pegboard(10^4, 40);
hist(x, [-25:25]);
```

最终 x 位置的结果分布如图 12.2 所示。这些球大部分落在中间，也就是 $x=0$ 左右，因为它们在下落期间可能向左或向右反弹，移动位置倾向于自我补偿。20 次反弹都向左(或向右)移动的概率等于 $0.4^{20} \approx 10^{-6}$，这种概率很小。这就是为什么直方图显示的宽度数值几乎不超过 20。结果分布图类似于钟形，也就是说近似于高斯分布，因此它满足中心极限定理。

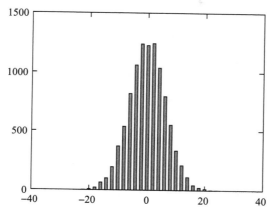

图 12.2 10000 个球在 40 层钉板上下落最终位置分布图

留给读者一个练习，只通过简单的变量重命名，这个代码就可以计算出在给定的无偏硬币抛掷次数下，硬币正面和反面结果之和的差异。

12.2 抛硬币游戏

想象一个游戏，某人抛一枚均匀的硬币。如果硬币正面朝上，你将得到 4 倍的赌注；否则，你将把赌注输给另一个玩家。每次拿出多大比例的赌资来下注，才能从这个游戏中获得最大的收益？

很容易看出，每一次抛硬币，都应该押同样的钱，因为硬币朝向的结果与投注金额无关。我们还假设能将一分钱的一部分作为赌注。

假设我们确定了游戏次数（N_games）和每次下注的资本比例（bet_fraction），程序 12.2 演示了这种赌博游戏的过程。这段代码的返回值表示一次赌场之行后的总收益率，即结束时手头剩余资金与初始资金的比值。这一次，我们使用 MATLAB 的数组计算功能来避免在每次游戏实现过程中的循环。

程序 12.2 bet_outcome.m（可从 http://physics.wm.edu/programming_with_MATLAB_book/./ch_monte_carlo_simulations/code/bet_outcome.m 获得）

```
function gain=bet_outcome(bet_fraction, N_games)
    % We will play a very simple game:
    % one bets a 'bet_fraction' of her belongings
    % with 50/50 chance to win/lose.
    % If lucky she will get her money back quadrupled,
    % otherwise 'bet_fraction' is taken by a casino

    % arguments check
    if (bet_fraction <0 || bet_fraction>1)
        error('bet fraction must be between 0 and 1');
    end
```

```
    N_games=floor(N_games);
    if (N_games < 1)
        error('number of games should be bigger than 1');
    end

    p=rand(1,N_games); % get array of random numbers
    outcome_per_game=zeros(1,N_games);

    outcome_per_game(p <= .5) = 1 + 4*bet_fraction; %
        lucky games
    outcome_per_game(p >  .5) = 1 -   bet_fraction; %
        unlucky games

    gain=prod(outcome_per_game);
end
```

在图 12.3 中，我们绘制了 200 次硬币投掷游戏的收益与下注比例的关系。首先要注意的是，它们之间的关系并不平滑。对于随机结果来说这是很自然的。即使我们用相同的下注比例重复这个过程，结果也会不一样。因此，我们不应该对图中显示的曲线抖动（噪声）感到惊讶。另外需要注意的是，尽管赔率对我们有利，但是如果赌资比例高于 0.8，到最后还是有输钱的可能。最后，你可以看到，如果每次投入大约一半的资金作为赌注，200 次游戏之后的收益可高达 10^{30} 倍。这就解释了为什么赌场中不设置这个游戏。

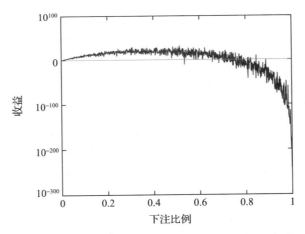

图 12.3   200 次抛硬币游戏的收益与下注比例的关系

12.3   传染病传播

在下面的仿真中，我们将建立一个非常简单的传染病传播模型。我们还将看到哪种疾病对人群危害更大：低死亡率高传染性疾病，还是高死亡率低传染性疾病。

我们假设所有的群体成员的编号都在文件中排列好，每个成员只与左右相邻的两个成员：左邻居、右邻居交互。这两种传染病只通过这些交互过程进行传播。

我们的首要任务是对这种交互进行编程。我们需要一个依赖于特定成员疾病的函数，它决定传染病是扩散到左邻居还是右邻居，返回特定成员或细胞的自身结果（是否处于感染、治愈或死亡状态）。这些结果都是概率性的，并且依赖于矩阵 prob_to_spread 和 prob_self，这些矩阵存储感染传染病的概率。我们把成员的健康和死亡状态也视为疾病，只是他们传播疾病和改变自身状态的概率为 0。因此，我们假定活的成员或细胞不会死亡，除非感染了某种致命的疾病。请研究程序 12.3 中的注释代码，其中注明了这些条件。

程序 12.3　disease_outcome.m(可从 http://physics.wm.edu/programming_with_MAT-LAB_book/./ch_monte_carlo_simulations/code/disease_outcome.m 获得)

```
function [my_new_infection, infect_left_neighbor,
    infect_right_neighbor] = disease_outcome( disease )
%% For a given disease/infection (defined below) returns
    possible outcomes/actions.
% The disease probabilities matrix:
% notice that probabilities of  self actions  (prob_self)
% i.e. stay ill, die, and heal should add up to 1
% probabilities distributed in a vector where each
    positions corresponds to
die  = 1;
heal = 2;
% there is no 3rd element since probability of stay ill =
    1 - p_die - p_heal

% array of probability to spread disease (prob_to_spread)
    per cycle
% for each disease
left  = 1;
right = 2;
% the probabilities to infect the left or right neighbors
    are independent,
% the only requirement they should be <=1.

% normal dead member  (death is non contagious)
prob_self(1,:)      = [0.0, 0.0]; % [prob_die, prob_heal]
prob_to_spread(1,:) = [0.0, 0.0]; % [left, right]

% weakly contagious but high mortality, hard to heal
prob_self(2,:)      = [0.8, 0.0];
prob_to_spread(2,:) = [0.1, 0.1];

% highly contagious but low mortality, easy to heal
prob_self(3,:)      = [0.1, 0.1];
prob_to_spread(3,:) = [0.4, 0.4];

% healthy alive member  (life is a disease too)
prob_self(4,:)      = [0.0, 0.0];
prob_to_spread(4,:) = [0.0, 0.0];



%% 1st, do we infect anyone?
% roll the dices for the left neighbor
p=rand();
if ( p  <= prob_to_spread(disease, left) )
    infect_left_neighbor=true;
else
    infect_left_neighbor=false;
```

```
    end

    p=rand(); % reroll the dices for the right neighbor
    if( p <= prob_to_spread(disease, right) )
        infect_right_neighbor=true;
    else
        infect_right_neighbor=false;
    end

    %% 2nd, what is our own fate?
    p=rand();
    if ( p <= prob_self(disease, die))
        my_new_infection = 1; %death
    elseif (p <= (prob_self(disease, die) + prob_self(disease,
        heal)) )
        % notice the sum !
        my_new_infection = 4; %healing, recovery to normal
    else
        my_new_infection =  disease; % keep what you have
    end
end
```

现在，我们准备实现群体进化。首先，决定要跟踪多少成员和多少周期。一维数组 member_stat 用来跟踪对当前周期内的群体状态。数组中的成员都是健康的（活着的）；然后，选择一些不幸的细胞（或成员），让其感染其中一种疾病（没有进行一种感染覆盖另一种感染的检查）；之后，开始进化周期，其中每一个细胞都可以死亡、治愈或保持原状，同时也可以感染左邻居和右邻居；在周期结束时，计算特定循环内每种传染病的死亡人数。随着进化循环的继续，我们更新变量 number_stat_map，它存储着每个周期内的成员状态。请阅读程序 12.4 中关于所有这些操作的注释代码。

程序 12.4　colony_life.m（可从 http://physics.wm.edu/programming_with_MATLAB_book/./ch_monte_carlo_simulations/code/colony_life.m获得）

```
Ncycles=50;
Nmembers=200;
Ndiseases=4;

% diseases to number its index translation
death = 1;
hard_to_heal_weakly_contagious = 2;
easy_to_heal_very_contagious = 3; %
alive = 4;

member_stat=zeros(1,Nmembers);
% let's make them all live
member_stat(:)=alive;
% here we will keep the map of disease spread
member_stat_map=zeros(Ncycles,Nmembers);

% here we will death toll stats for each of the disease
killed_by_disease=zeros(Ncycles,Ndiseases); % so far no
    one is killed

% let's infect a few unlucky individuals
```

```
Ndiseased_hard_to_heal_weakly_contagious =20;
for i=1:Ndiseased_hard_to_heal_weakly_contagious
        m=ceil(Nmembers*rand()); % which member in the
           array
        member_stat(m)=hard_to_heal_weakly_contagious;
end
% note that below loop might overwrite one disease with
   another.
Ndiseased_easy_to_heal_very_contagious=20;
for i=1:Ndiseased_easy_to_heal_very_contagious
        m=ceil(Nmembers*rand());
        member_stat(m)=easy_to_heal_very_contagious;
end

% day one stats assignment
member_stat_map(1,:) = member_stat; % first day situation
   recorded

for c=2:Ncycles % on cycle one we just initialize the
   colony
        if c~=1
                killed_by_disease(c,:)=killed_by_disease(c
                   -1,:); % accumulative count
        end
        % spread diseases
        for i=1:Nmembers
                disease = member_stat(i);

                [self_acting_disease, ...
                infect_left_neighbor, ...
                infect_right_neighbor] = disease_outcome(
                   disease);

                if (i-1 >= 1)
                        % we have left neighbor
                        if ( infect_left_neighbor == true)
                                if(member_stat(i-1) ~=
                                   death)
                                        % only alive guys
                                           can catch a
                                           disease
                                        member_stat(i-1)=
                                           disease;
                                end
                        end
                end

                if (i+1 <= Nmembers)
                        % we have right neighbor
                        if ( infect_right_neighbor == true
                           )
                                if(member_stat(i+1) ~=
                                   death)
                                        % only alive guys
                                           can catch a
                                           disease
                                        member_stat(i+1)=
                                           disease;
                                end
                        end
                end
```

```
            if ( (self_acting_disease == death) && (
            disease ~=death) ) % we should not
            count already dead
                % add to death toll
                killed_by_disease(c,disease)=
                    killed_by_disease(c,disease)+1;
            end
            member_stat(i)=self_acting_disease;
        end

        % update member stat vs day map
        member_stat_map(c,:) = member_stat;

    end
```

运行 colony_life 命令，就可以显示相关结果图像了。首先，我们使用以下命令绘制群体进化图：

程序 12.5　colony_map_plot.m(可从 http://physics.wm.edu/programming_with_MAT-LAB_book/./ch_monte_carlo_simulations/code/colony_map_plot.m获得)

```
% plot the map of the colony evolution
colony_color_scheme=[ ...
        % color coded as RGB triplet
        0,0,0; % color 1, black is for dead
        0,0,1; % color 2, blue is for weakly contagious
        1,0,0; % color 3, red is for highly contagious
        0,1,0; % color 4, green is for healthy
        ];
image( member_stat_map );
set(gca,'FontSize',20); % font increase
colormap(colony_color_scheme);
xlabel('Member position');
ylabel('Cycle');
```

这就产生了图 12.4。从图中可以看出，患有致命疾病(浅灰色)和低传染概率的细胞在头几天死亡，但没有感染它们的邻居。大部分高度传染性细胞(深灰色)在存活时开始向左邻居和右邻居传播疾病。感染传播的边界由死亡细胞群(黑色)设置。由于死亡细胞不相互影响，它们停止了疾病的传播。大约 40 个周期后，所有低死亡率的感染细胞也会死亡。

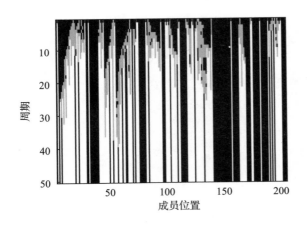

图 12.4　群体进化图。行对应进化周期，列反映了群体中的成员位置。白色表示健康未感染的群体成员，浅灰色表示感染了难治愈疾病的成员，深灰色表示感染了高度传染性但低死亡率疾病的成员，黑色表示死亡成员

现在，我们执行程序 12.6 中的命令来绘制这两种疾病每个周期的累计死亡人数。

程序 12.6　colony_life_death_toll_plot.m(可从 http://physics.wm.edu/programming_with_MATLAB_book/./ch_monte_carlo_simulations/code/colony_life_death_toll_plot.m 获得)

```
% only real illness counts
bar(killed_by_disease(:,[hard_to_heal_weakly_contagious,
    easy_to_heal_very_contagious]),'stacked'); % notice the
    array slicing
ylim([0,150]);
set(gca,'FontSize',20); % font increase
legend('death by hard to heal but not contagious', 'death
    by easy to heal but highly contagious');
xlabel('Cycle number');
ylabel('Death toll');
```

这些命令生成了图 12.5。它支持了我们最初的观察：致命疾病在 4 个周期内杀死了最初感染的全部 20 个细胞。随着疾病的传播，不那么致命的疾病致死的细胞数量越来越多，直到第 40 个周期，所有感染这种疾病的细胞都死了。最后，我们看到高死亡率的疾病只杀死了 20 个成员，而低死亡率高传染性疾病会导致 200 个成员中约 120 个成员死亡。因此，我们可以得出以下结论，简单的流感病毒可能比埃博拉病毒更危险。当然，我们的模型是非常基本的，没有考虑能大大提高生存率的医疗设施的作用。

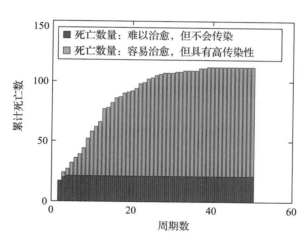

图 12.5　两种不同传染病的累计死亡人数

12.4　自学

习题 12.1

修改 12.2 节介绍的抛硬币游戏的代码，绘图表示至少 1000 场游戏后每个投注比例的平均收益。给出一个更好的最佳投注比例估计方法，从而使你的收益最大。

习题 12. 2

修改 12.2 节介绍的抛硬币游戏的代码，使用变量 win_for_lucky_flip，该变量表示正面朝上结果的乘数。绘图表示至少 1000 场游戏后每个投注比例的平均收益。当 win_for_lucky_flip=6 时，提供最佳投注比例的估计方法，从而使你的收益最大。

习题 12. 3

修改 12.2 节介绍的抛硬币游戏的代码，将硬币替换为六面骰子（任何一面落地的概率相等）。骰子的每个面分别标记为 1、2、3、4、5 和 6。每次投掷的收益等于骰子点数减去 1。如果点数为 1，则你的投注要输给另一个玩家。绘图表示至少 1000 场游戏后每个投注比例的平均收益。提供最佳投注比例的估计方法，从而使你的收益最大。

习题 12. 4

修改 colony_life 脚本（参见程序 12.4），将邻居的帮助考虑在内。如果细胞的左右邻居都不存活，保持细胞的治愈概率不变。但是，如果左右邻居中仅有一个存活，则其治愈的概率变为原来的 2 倍；如果细胞的左右邻居都存活，那么其治愈的概率变为原来的 3 倍。我们假定疾病不会阻止帮助或治疗行为，也就是说，邻居必须活着才能起到帮助作用，但邻居也有可能患病。

优 化 问 题

本章讨论了优化问题及其解决的几种方法：讨论了一维和多维优化问题，介绍了 MATLAB 的内置优化命令，并讨论了组合优化问题，还介绍了模拟退火算法和遗传算法。

优化问题在我们的日常生活中非常常见，因为我们有特定的目标和有限的资源，应该将这些资源进行最优分配。在所有资源中，时间总是必需的，因为我们的时间资源有自然的界限。我们每天只有 24 个小时，但需要分配时间用于睡觉、学习、工作、休息和很多其他的任务。我们总是面临一个问题：我们是应该在上班前多睡一小时，还是应该读本有趣的书呢？每个人都有不同的选择，但问题都是相同的：如何优化分配可用资源，以获得最好的结果？在本章中，我们将介绍几个典型的优化问题，以及解决这些问题的常用方法。但应该事先说明：一般情况下，在有限的时间内，不能保证一定能找出全局最优点。

13.1 优化问题简介

在开始正式讨论之前，我们将从优化问题的正规数学定义开始。

优化问题

在满足 $g(\vec{x})=0$ 和 $h(\vec{x}) \leqslant 0$ 的情况下，寻找使 $E(\vec{x})$ 最小的 $\vec{x}$。

其中：$\vec{x}$ 是独立变量的向量；$E(\vec{x})$ 是能量函数，有时也称目标函数、适应度函数或优化函数；$g(\vec{x})$ 和 $h(\vec{x})$ 是约束函数。

正如所看到的，我们在解决求解最小值时的优化问题，也就是计算机科学中的最小化问题。很容易看出，如果做变换 $E(\vec{x}) \to -E(\vec{x})$，最大化问题就转化成了最小化问题。

对于物理学家来说，他们很清楚为什么将最小化函数称为能量。我们在寻找最小值或最低点，这是势能图上物理系统倾向于到达的点（在存在耗散力的情况下），也就是说，自然界在不断地解决能量最小化问题。

约束函数用来处理 $\vec{x}$ 元素的附加依赖关系。如果每天有 100 美元的预算，我们分配一定数量的预算给食物(x_1)、图书(x_2)、电影(x_3)和衣服(x_4)。我们的最终目标是最大限度地提高整体幸福感，或者，既然我们在做最小化的工作，就把不快乐降到最低。每个人都有不同的优化函数，它取决于上述参数，当然我们有一个明显的共同约束：我们的花费不能超过 100 美元，因此 $h(\vec{x})=(x_1+x_2+x_3+x_4)-100 \leqslant 0$。约束函数可以采用条件语句的形式，也可以只对几个参数设置界限。例如，可以说我们至少需要在食物上花一些钱。还有一些无约束的问题，它允许任意的 $\vec{x}$ 值。

13.2   一维优化

首先考虑一维优化问题，即 $\vec{x}$ 只有一个分量。在这种情况下，可以去掉向量表示法，只使用 x 作为自变量，因为 x 是一维的。假设我们的优化函数（能量函数）E 对 x 的依赖关系如图 13.1 所示。如果我们知道 $E(x)$ 的解析表达式，

就可以得到它的导数表达式 $f(x) = \dfrac{\mathrm{d}E}{\mathrm{d}x}$。然后，通过求解 $f(x) = 0$，并检查哪个解对应的优化函数全局极小（要知道，有些解可能对应于局部极小值，甚至是极大值），从而找到优化函数的极值点。这样就能将优化问题转化为求根问题，在第 8 章中讨论了这些问题的各种求解算法。

图 13.1   最小化函数的例子

有趣的是，如果我们知道如何解决最小化问题，就可以用它来解决求根问题，即 $f(x) = 0$。这是通过将优化函数赋值为 $E(x) = f(x)^2$ 来完成的。由于 $E(x) \geqslant 0$，使得 $E = 0$ 的全局最小位置 x_m 与 $f(x)$ 的根恰好重合。

现在，我们来讨论最小化算法的一般要求。我们需要将最小（最优）位置置于某个区间内，然后迭代缩减区间的长度，直到最优位置满足精度（由区间长度决定）要求为止。假设我们在最小值的紧邻域内，也就是说，区间内没有其他极值。稍微思考一下这个问题，你会发现只探测区间中的一个测试点，并不能提供足够的信息来正确分配新的区间端点。因此，我们至少需要计算区间内两个点的函数值；然后，按照以下规则分配新的区间端点：区间端点应该是已知最优点的两个最近点（从 4 个已检查过的点——原来的区间端点和两个内点中选择）。然后，我们可以重复这个区间更新过程，直到达到所需的精度。

现在，关键问题是如何有效⊖地选择上述两个内点？通常情况下，无论是从需要的计算时间还是从它的字面意思（如果你在优化火箭发动机，建造一个新的测试引擎可不便宜），**价值函数**（merit function）的计算代价都是很昂贵的。因此，我们希望减少每次区间缩减时优化函数的计算数量。

13.2.1   黄金分割最优搜索算法

黄金分割最优搜索算法通过重用两个先前测试点中的一个来解决效率问题，因此，每个区间更新只需要一个附加函数计算。

黄金分割优化算法

给定一个初始区间 (a, b)，它恰好包含最小值（理想情况下的全局最小值）点，即区间内没有其他的极值点（这与第 4 项中的要求类似）。

⊖   有效意味着选择最佳的方法，这样我们又要解决另一个优化问题。

1）计算 $h = (b-a)$。

2）设置新的探测点 $x_1 = a + R \times h$ 和 $x_2 = b - R \times h$，其中

$$R = \frac{3-\sqrt{5}}{2} \approx 0.38197 \qquad (13.1)$$

3）计算 $E_1 = E(x_1)$，$E_2 = E(x_2)$，$E_a = E(a)$ 和 $E_b = E(b)$。

4）我们要求区间长度 h 足够小：$E(x_1) \leqslant E(a)$ 和 $E(x_2) \leqslant E(b)$. 这很重要！在这种情况下，我们可以缩小或更新区间：

- 如果 $E_1 < E_2$，那么 $b = x_2$，$E_b = E_2$；否则，$a = x_1$，$E_a = E_1$。
- 重新计算 $h = (b-a)$。

5）如果达到所需的精度，即 $h < \varepsilon_x$，则停止搜索（选择此区间内的任意点为最终答案）；否则，执行继续执行下面的步骤。

6）重用 (x_1, E_1) 或 (x_2, E_2) 中的一个旧点，如果 $E_1 < E_2$，那么 $x_2 = x_1$，$E_2 = E_1$，$x_1 = a + R \times h$，$E_1 = E(x_1)$，否则，$x_1 = x_2$，$E_1 = E_2$，$x_2 = b - R \times h$，$E_2 = E(x_2)$。

7）返回步骤 4）重新开始。

很容易看出新的区间长度 $h' = (1-R) \times h$。换句话说，搜索区间的缩减系数为 $1-R = \varphi = \frac{(\sqrt{5}-1)}{2} \approx 0.61803$，即黄金分割率[⊖]。整个算法就是以此命名。

R 系数的推导

我们推导出系数 R 的表达式。请查看黄金分割优化算法，在第一步，我们有

$$x_1 = a + R \times h \qquad (13.2)$$
$$x_2 = b - R \times h \qquad (13.3)$$

如图 13.2 所示，如果 $E(x_1) < E(x_2)$，则有 $a' = a$ 和 $b' = x_2$，然后根据以下公式设置下一个探测点 x_1' 和 x_2'：

$$x_1' = a' + R \times h' = a' + R \times (b' - a') \qquad (13.4)$$
$$x_2' = b' - R \times h' = b' - R \times (b' - a') = x_2 - R \times (x_2 - a) \qquad (13.5)$$

我们希望重用 E 的其中一个数值，所以要求 $x_1 = x_2'$。这样，我们将式（13.2）代入式（13.5），得到：

$$a + R \times h = b - R \times h - R \times (b - R \times h - a) \qquad (13.6)$$

由于 $h = b-a$，因此可以将它抵消，得到二次方程

$$R^2 - 3R + 1 = 0$$

它有两个可能的根：

⊖ 黄金分割可以追溯到古希腊时代，出现在一些几何和数学问题的求解中。有些人甚至认为它具有几何构造的一些美学特性。例如，短边与长边之比等于 φ 的矩形看起来令人愉悦。也许这就是为什么越来越多的计算机屏幕比例设计为 9：16，这接近于 φ。

$$R = \frac{3 \pm \sqrt{5}}{2}$$

我们选择中间为减号的解，因为 $R \times h$ 应该小于 h，才能使两个探针点处于原来的区间内。

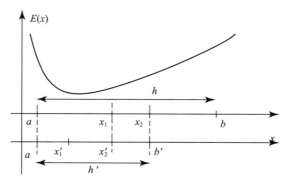

图 13.2　黄金分割最小搜索方法示意图

13.2.2　一维最优 MATLAB 内置函数

对于一维优化问题，MATLAB 有一个内置函数 fminbnd，它使用改进的黄金分割搜索算法来实现。fminbnd 函数需要 3 个强制参数：优化函数的句柄、搜索区间的左端点和右端点。我们还可以提供一些额外的优化参数选项，例如，设置所需的最小定位精度或允许的函数计算次数。

13.2.3　一维优化示例

黑体辐射的最大值

在物理学中，物体如果不反射电磁辐射，就称为黑体。令人惊讶的是，当黑体足够热时，它可以辐射相当多的能量，因而显得明亮。从这方面来说，我们的太阳实际上是一个近乎完美的黑体，打开的白炽灯也是如此。

根据普朗克定律，从黑体中沿固定角度发射的电磁辐射，其单位波长下单位体积的功率谱与电磁辐射的波长（λ）和温度（T）的关系如下：

$$I(\lambda, T) = \frac{2hc^2}{\lambda^5} \frac{1}{e^{\frac{hc}{\lambda kT}} - 1} \tag{13.7}$$

其中，h 是普朗克常数 6.626×10^{-34} J·s；c 是光速 2.998×10^8 m/s；k 是玻耳兹曼常数 1.380×10^{-23} J/K；T 是黑体温度，单位为 K（开尔文）；λ 是波长，单位为 m。

对于一个典型的灯丝温度为 1500K 的白炽灯泡，黑体辐射光谱看起来如图 13.3 所示。在程序 13.1 中，我们借助式（13.7）的函数计算黑体辐射。

程序 13.1 black_body_radiation.m(可从 http://physics.wm.edu/programming_with_MATLAB_book/./ch_optimization/code/black_body_radiation.m 获得)

```
function I_lambda=black_body_radiation(lambda,T)
% black body radiation spectrum
% lambda - wavelength of EM wave
```

```
% T - temperature of a black body
h=6.626e-34;   % the Plank constant
c=2.998e8;     % the speed of light
k=1.380e-23;   % the Boltzmann constant

I_lambda = 2*h*c^2 ./ (lambda.^5)  ./ (exp(h*c./(lambda*k*
    T))-1);
end
```

从图 13.3 很容易看出，大多数辐射的波长在 1000nm 以上，在这个波长区域内人眼不能感受到光照。因此，白炽灯泡在提供光照方面不是非常有效，因为大部分能量变成了热（即红外辐射）。这也是为什么人们尝试用现代荧光灯或 LED 灯泡取代白炽灯，因为它们能提供更高效的照明。

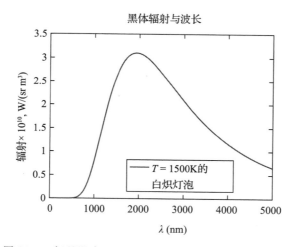

图 13.3　灯丝温度 $T=1500$K 的白炽灯泡的黑体辐射谱

假设我们想知道太阳最大辐射的波长。MATLAB 知道如何找到函数的最小值，因此我们创建了优化函数 f，它是函数 black_body_radiation 相对于 x 轴的反射（反向）。太阳的光球层温度是 5778K，因此，我们相应地设置 T：

```
T=5778;
f = @(x) - black_body_radiation(x,T);
```

优化函数的结果如图 13.4 所示，即太阳的反向黑体辐射谱。正如所看到的，最小值位于 $(10^{-9}, 10^{-6})$ 区间内的某个位置。我们需要调整默认的公差 x，因为典型的 x 值的数量级为 10^{-6}（见图 13.4），这是 MATLAB 的默认精度。可以使用 optimset 命令来调整精度。现在，我们准备用以下命令搜索最小值所处的位置：

```
fminbnd(f, 1e-9, 1e-6, optimset('TolX',1e-12))
ans = 5.0176e-07
```

正如所见，答案是 5.0176e-07，测量单位为米，所以太阳最大辐射的波长约为 502nm，这相当于绿光[⊖]。人类的眼睛对绿光最敏感，因为它是自然光照环境中的主导波长。

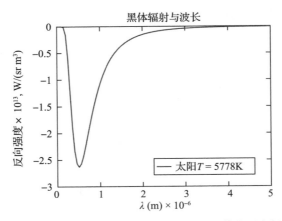

图 13.4   太阳或任何温度为温度 $T=5778\text{K}$ 的黑体的反向辐射光谱

13.3   多维优化

我们在这里不会讨论平滑函数的多维优化算法[⊜]。如果你对此感兴趣，可以查看专门的资料，比如文献[9]。相反，我们将使用 MATLAB 的 `fminsearch` 函数。

多维优化示例

1. 反向 sinc 函数

我们来寻找反向二维 sinc 函数的最小值。

$$f_1(x,y) = -\frac{\sin(r)}{r}, \quad r = \sqrt{x^2 + y^2} \tag{13.8}$$

这个函数的图形如图 13.5 所示。

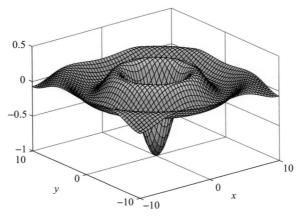

图 13.5   二维 sinc 函数图

⊖   奇怪的是，人眼看到的太阳似乎是黄色的。这是由于眼睛和大脑重建感知颜色时，对感光元素的特殊反应。一个附带效果是人们会看到天空中有白色、蓝色、黄色和红色的星星（它们是按温度下降顺序排列的黑体），但是没有绿色的星星。

⊜   编写这样的算法不会带来很大的教育价值。MATLAB 有足够好且可以直接使用的实现方法。

为了用 fminsearch 函数进行优化，需要编程将式(13.8)转换成只有一个向量参数的函数，如程序 13.2 所示。

程序 13.2 fsample_sinc.m(可从 http://physics.wm.edu/programming_with_MATLAB_book/./ch_optimization/code/fsample_sinc.m 获得)

```
function ret=fsample_sinc(v)
        x=v(1); y=v(2);
        r=sqrt(x^2+y^2);
        ret= -sin(r)/r;
end
```

输入向量 v 的分量表示 x 和 y 坐标。我们把 x 当作第一个分量，y 当作第二个分量，也可以用其他方法来定义。

要调用 fminsearch 函数，需要用到两个参数：第一个是优化函数的句柄(比如@fsample_sinc)，第二个是最小搜索算法的起点(本例中将使用[0.5,0.5])。做好这些参数选择，我们就准备好搜索最小值了：

```
>> x0vec=[0.5, 0.5];
>> [x_opt,z_opt]=fminsearch(@fsample_sinc, x0vec)
  x_opt = [0.2852e-4,    0.1043e-4]
  z_opt = -1.0000
```

正如所见，最小值位于 x_opt＝[0.2852e-4,0.1043e-4]，这非常接近于真实的全局最小值点[0，0]。所找到的最佳位置对应的函数值为 z_opt＝-1.0000，在所显示的精度内它与全局最小值－1 一致。

如果起始位置选择不好，很容易错过全局最小值，如下例所示：

```
>> x0vec=[5, 5];
>> [x_opt,z_opt]=fminsearch(@fsample_sinc, x0vec)
  x_opt = [ 5.6560    5.2621 ]
  z_opt = -0.1284
```

可见我们找到了一个局部最小值，而不是全局最小值。要记住，一般情况下，没有算法能找到全局最小值，特别是当它从远离最优值的位置开始搜索时。

2. 三维优化

我们来寻找如下函数的最小值：

$$f_2(x,y,z) = 2x^2 + y^2 + 2z^2 + 2xy + 1 - 2z + 2xz \tag{13.9}$$

如程序 13.3 所示，编程实现 f_2 函数。

程序 13.3 f2.m(可从 http://physics.wm.edu/programming_with_MATLAB_book/./ch_optimization/code/f2.m 获得)

```
function fval = f2( v )
x = v(1);
y = v(2);
z = v(3);
```

```
fval = 2*x^2+y^2+2*z^2+2*x*y+1-2*z+2*x*z;
end
```

再一次，需要我们决定输入向量的哪个分量是 x、y、z。为了找到最小值，我们随意选择起始点[1,2,3]并执行如下命令：

```
>> [v_opt, f2_opt]=fminsearch(@f2, [1,2,3])
v_opt = -1.0000    1.0000    1.0000
f2_opt = 4.8280e-10
```

乍一看，我们可能不清楚如何对所计算的最小值位置 v_opt = -1.0000 1.0000 1.0000 进行检查，但可以将式（13.9）重写为如下形式：

$$f_2(x,y,z) = (x+y)^2 + (x+z)^2 + (z-1)^2 \tag{13.10}$$

由于每一项都是二次方，当每项都等于 0 时达到函数最小值。因此，全局最小值在 $[x,\ y,\ z]=[-1,\ 1,\ 1]$ 处。基于同样的原因，f_2 不能小于 0，因此，f2_opt=4.8280e-10 非常接近于 0，它是合适的结果。

3. 平滑连接两个函数

假设有一个函数[⊖]，形式如下：

$$\Psi(x) = \begin{cases} \Psi_{in}(x) = \sin(kx), & 0 \leqslant x \leqslant l \\ \Psi_{out}(x) = Be^{-\alpha x}, & x > L \end{cases}$$

我们希望函数平滑，即函数和它的一阶导数处处都是连续的。唯一的问题位于点 $x=L$ 处，这里是两个连续平滑函数的连接处。下列方程负责平滑它们的连接条件：

$$\Psi_{in}(L) = \Psi_{out}(L) \tag{13.11}$$

$$\Psi'_{in}(L) = \Psi'_{out}(L) \tag{13.12}$$

在替换了 Ψ 的表达式之后，得到：

$$\sin(kL) = Be^{-\alpha L} \tag{13.13}$$

$$k\cos(kL) = -\alpha Be^{-\alpha L} \tag{13.14}$$

假设以某种方式明确了 k 的值，那么 α 和 B 的值应该是什么？可以求解非线性方程组得到 α 和 B，但这是一项烦琐的任务。此外，本章的主题是关于优化的，所以我们将用新技能去解决这个问题。把方程重写为：

$$\sin(kL) - Be^{-\alpha L} = 0 \tag{13.15}$$

$$k\cos(kL) + \alpha Be^{-\alpha L} = 0 \tag{13.16}$$

⊖ 你可能对这个函数的出处感兴趣。它是量子力学里一维势阱中粒子问题的解，粒子的势能方程如下：

$$U(x) = \begin{cases} \infty, & x < 0 \\ 0, & 0 \leqslant x \leqslant L \\ U_0, & x > L \end{cases}$$

其中，$k = \dfrac{\sqrt{2m(E-U_0)}}{h}$，$\alpha = \dfrac{\sqrt{2m(U_0-E)}}{h}$，$m$ 是粒子的质量；E 是总能量；$h = \dfrac{h}{(2\pi)}$ 是简化普朗克常数。

由于粒子在 $x < 0$ 时的势能为无穷大，所以在此区间有 $\Psi(x) = 0$。

然后，我们把这两个方程平方，再加起来：

$$(\sin(kL) - Be^{-\alpha L})^2 + (k\cos(kL) + \alpha Be^{-\alpha L})^2 = 0 \tag{13.17}$$

到目前为止，我们还只是做了一些常规的操作。现在，我们把上式的右边称为问题的优化目标：

$$M(\alpha, B) = (\sin(kL) - Be^{-\alpha L})^2 + (k\cos(kL) + \alpha Be^{-\alpha L})^2 \tag{13.18}$$

优化函数的全局最小值位于 α 和 B 空间，它们要满足式（13.15）和式（13.16）。程序 13.4 给出了优化函数。

程序 13.4　merit_psi.m（可从 http://physics.wm.edu/programming_with_MATLAB_book/./ch_optimization/code/merit_psi.m 获得）

```
function [m] = merit_psi(v, k , L)
% merit for the potential well problem
alpha=v(1);
B=v(2);

m=(sin(k*L) - B*exp(-alpha*L))^2 + (k*cos(k*L) + alpha*B*
    exp(-alpha*L))^2;

end
```

我们需要做的是分配 k 和 L 值，并使 fminsearch 函数能够兼容优化函数（即能接受问题参数向量的函数）。所有这些都是通过执行以下代码完成的：

```
>> k=2+pi; L=1;
>> merit=@(v) merit_psi(v, k, L);
>> v0=fminsearch( @merit, [.11,1] )
v0 = 2.3531   -9.5640
```

结果为 $\alpha = 2.3531$，$B = -9.5640$。具有这些值的 Ψ 函数曲线如图 13.6 所示。正如所看到的，Ψ 函数内外两部分之间的过渡是平滑的，这正是我们想要的平滑效果。

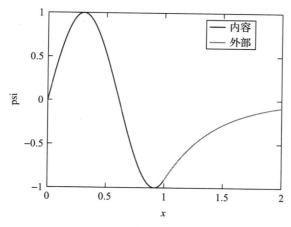

图 13.6　Ψ 函数内部和外部平滑连接图

4. 悬吊问题

考虑两个质量为 m_1 和 m_2 的物体，它们由长度为 L_1、L_2 和 L_3 的杆在地球引力场内连接到悬挂点(见图 13.7)。

两个悬挂点的水平距离为 L_{tot}，垂直距离为 H_{tot}。我们的目标是找到平衡状态下物体排列的角度 θ_1、θ_2 和 θ_3。这是一个典型的物理学导论(Physics 101)中的问题。为了求解这个问题，我们需要设置和求解几个方程，它们是关于作用在系统上的力和力矩的方程。这不是一件简单的工作。你可能想知道这个问题与优化有什么关系。你很快就会发现，这个问题可以用最小化问题来代替，并且很巧妙地解决(也就是说，只需要更少的方程)。这个方法的缺点是只能得到数值解，也就是说，如果某些参数改变，我们将不得不重新计算。

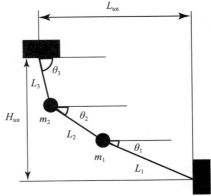

图 13.7 悬挂重物分布图

回忆前面的内容，我们知道优化函数也称为能量，一个非常重要的原因就是：实际生活系统会寻找自然力引起的势能最低点。因此，我们需要最小化满足长度约束的势能。杆的长度约束比较关键，因为单独的势能最小化将使重物推到最低位置，但是现在它们通过细杆连接，因此需要考虑这一点。查看程序 13.5 中的代码，得到该问题的优化函数。请注意，我们已经对物体质量、每个杆的长度和悬挂点距离进行了数值设定。

程序 13.5 EconstrainedSuspendedWeights.m(可从 http://physics.wm.edu/programming_with_MATLAB_book/./ch_optimization/code/EconstrainedSuspendedWeights.m 获得)

```
function [merit, LengthMismatchPenalty,
    HeightMismatchPenalty] = EconstrainedSuspendedWeights(
    v )
% reassign input vector elements to the meaningful
    variables
theta1=v(1); theta2=v(2); theta3=v(3); % theta angles

g=9.8; % acceleration due to gravity
m1=2; m2=2; % masses of the weights
L1=3; L2=2;  L3=3; % lengths of each rod
Ltot=4; Htot=0; % suspension points separations
% fudge coefficients to make merit of the potential energy
    comparable to
% length mismatch
mu1=1000; mu2=1000;

Upot=g*( (m1+m2)*L1*sin(theta1)+m2*L2*sin(theta2) ); %
    potential energy
HeightMismatchPenalty=(Htot-(L1*sin(theta1)+L2*sin(theta2)
    +L3*sin(theta3)))^2;
LengthMismatchPenalty=(Ltot-(L1*cos(theta1)+L2*cos(theta2)
    +L3*cos(theta3)))^2;

merit=Upot+mu1*LengthMismatchPenalty+mu2*
    HeightMismatchPenalty;
end
```

这段代码需要一些走查。为什么长度不匹配称为惩罚？如果对于某个测试点有长度不匹配，则需要让求解器知道我们正在打破一些约束，也就是说，我们需要惩罚这样的探测点。由于我们正在寻找最小值，所以在这一点上，我们给优化结果增加了一些正值项。增加不匹配的平方通常是个好主意：它总是平滑的正数。系数 mu1 和 mu2 强调了特定贡献对优化结果的重要性。它们的数值通常需要一些调整，以使所有的贡献同等重要。

对于该问题，我们选择如下参数：

```
m1=2; m2=2;
L1=3; L2=2;  L3=3;
Ltot=4; Htot=0;
```

我们注意到这个系统具有对称性：两个重物的质量相同，外侧两个杆的长度相同。因此，我们可以确定内杆(L_2)应该是水平的，也就是说，$\theta_2 = 0$。此外，同样由于对称性，θ_1应该等于$-\theta_3$。我们甚至可以精确地得到它们的值：$\theta_1 = -1.231$而且$\theta_3 = 1.231$。我们来看看最小化算法是否会给出正确答案：

```
>> theta = fminsearch( @EconstrainedSuspendedWeights,
   [-1,0,-1], optimset('TolX',1e-6))
theta = -1.2321   -0.0044   1.2311
```

可以看到这个答案非常接近理论预测值。所以，我们的方法是成功的。

13.4 组合优化

优化问题有一个子问题，其中参数向量或其分量只有离散值。举例来说，假如你只能购买 8 个一组的热狗面包，因此，当你在为聚会优化开支时，只能将 0、8、16…作为可能的面包数量。

由于这种离散化，我们之前介绍的优化算法和函数几乎没有用了。之前的优化算法假设参数的任何分量可以取任意值，优化函数对连续参数能得到最优解。对离散参数我们有近似的方法。我们可以创建适当的约束函数，但这通常不是一件简单的工作。

相反，我们必须找到一种方法来搜索所有可能的输入值的离散集合，也就是说，尝试所有可能的$\vec{x}$分量组合。因此，这种优化搜索就称为组合优化。

不幸的是，不可能设计一个通用的能解决任何组合问题的优化搜索算法。因此，每一个组合问题都需要一个具体的解决方案，但是基本的思路如下：探索每一个可能的输入组合，选择使结果最佳的输入。通常，最难的部分是设计一种方法来遍历所有可能的组合（理想情况下，不重复已经探索过的任何组合）。

下面讨论两个问题，这两个问题将给出处理这类问题的总体思路。

13.4.1 背包问题

假设你有一个给定大小（体积）的背包和一组具有给定体积和货币（或情感）价值的物品。我们的任务是寻找可以装入背包的物品集合，使这些物品的总体价值最大。简单起见，我们假设每种物品只有一件。

这个问题的数学公式如下：最大化优化函数

$$E(\vec{x}) = \sum \text{value}_i x_i = \overrightarrow{\text{value}} \cdot \vec{x}$$

服从以下约束

$$\sum \text{volume}_i x_i = \overrightarrow{\text{volume}} \cdot \vec{x} \leqslant \text{BackpackSize}$$

其中，x_i 取值为 0 或 1，也就是说，它反映了我们是否装入了第 i 个物品。

尝试一种暴力方法，即检查每种可能的物品组合⊖。对于每个物品，有两种可能的结果（放入或不放入）。如果我们有 N 个物品，所有可能的组合是 2^N。因此，所有组合的大小（即问题空间）和求解时间都呈指数增长。好的一面是我们将得到全局最优解。

问题最困难的部分是找到一种生成所有关于物品放入或不放入组合的方法。我们注意到向量 $\vec{x}$ 是 0 和 1 的组合。例如，向量可能是 $\vec{x}=[0,1,0,1,\cdots,1,1,0,1,1]$。0 和 1 的组合类似于二进制数。全 0 的集合对应于最小的正整数，即 0。全 1 的集合对应于 N 个 1 能构成的最大二进制数 2^N-1。有一个简单的方法来生成 $0 \sim 2^N-1$ 的整数：从 0 开始，不断加 1 来得到下一个整数。比较困难的部分是利用二进制运算来实现它，或者更确切地说，是实现数字溢出机制的正确跟踪⊜。所有现代计算机内部都使用二进制系统，但奇怪的是，我们必须为正确实现它付出一些努力⊜。

用于探测 N 个对象所有组合 $\vec{x}$ 的伪代码如下：

背包问题伪代码

1）从由 N 个 0 组成 $\vec{x}=[0,0,0,0,\cdots,0,0]$ 开始。

2）根据二进制加法规则，每一个新的 $\vec{x}$ 由前一个 $\vec{x}$ 加 1 生成，例如：
$$x_{\text{next}} = [1,0,1\cdots1,1,0,1,1] + 1 = [1,0,1,\cdots,1,1,1,0,0]$$

3）对于每一个新的 $\vec{x}$，检查物品是否适合放入背包，新的背包内价值是否大于该物品放入前得到的最大价值。

4）尝试所有 2^N 种 $\vec{x}$ 组合，完成任务。

该算法的 MATLAB 实现如程序 13.6 所示。

程序 13.6 backpack_binary.m(可从 http://physics.wm.edu/programming_with_MATLAB_book/./ch_optimization/code/backpack_binary.m 获得)

```
function [items_to_take, max_packed_value,
    max_packed_volume] = ...
    backpack_binary( backpack_size, volumes, values )
% Returns the list of items which fit in backpack and have
    maximum total value
```

⊖ 还会有更好的方法。我们可以更有选择性地选择如何将物品装包。例如，可以按升序排列所有物品，然后将物品逐个放入；如果当前物品不适合放入，就不需要去考虑更大的物品了，这将节省计算时间。另一种方法是使用模拟退火算法（见 13.5 节）找到一个足够好的解决方案。

⊜ 在十进制系统中，不使用额外的数字，我们不能实现最大的数字符号(9)加 1，即 $9+1=10$。类似地，在二进制系统中，最大符号是 1，$1+1=10_2$。

⊜ MATLAB 有函数处理二进制数的转换。

```
% backpack_size - the total volume of the backpack
% volumes       - the vector of items volumes
% values        - the vector of items values

% We need to generate vector x which holds designation:
   take or do not take
% for each item.
% For example x=[1,0,0,1,1] means take only 1st, 4th, and
   5th items.
% To generate all possible cases, go over all possible
   combos of 1 and 0
% It is easy to see the similarity to the binary number
   presentation.
% We will start with x=[0, 0, 0, ... ,1]
% and add 1 to the last element according to the binary
   arithmetic rules
% until we reach x=[1, 1, 1, ... ,1] and
% then x=[0, 0, 0, ... , 0], which is the overfilled
   [111..1] +1.
% This routine will sample all possible combinations.

% nested function does the analog to the binary 1 addition
function xout=add_one(x)
    xout = x;
    for i=N:-1:1
        xout(i)=x(i)+1;
        if (xout(i) == 1 )
            % We added 1 to 0. There is no overfill, and
               we can stop here.
            break;
        else
            % We added 1 to 1. According to the binary
               arithmetic,
            % it is equal to 10.
            % We need to move the overfilled 1 to the next
               digit.
            xout(i)=0;
        end
    end
end

% initialization
N=length(values);    % the number of items
xbest=zeros(1,N);    % we start with empty backpack, as the
    current best
max_packed_value=0; % the empty backpack has zero value

x=zeros(1, N); x(end)=1; % assigning 00000..001 the very
   first choice set

while ( any(x~=0) ) % while the combination is not
   [000..000]
    items_volume = sum(volumes .* x);
    items_value  = sum(values  .* x);
    if ( (items_volume <= backpack_size) && (items_value >
        max_packed_value) )
        xbest=x;
        max_packed_value=items_value;
        max_packed_volume=items_volume;
    end
```

```
        x=add_one(x);
    end

    indexes=1:N;
    items_to_take=indexes(xbest==1); % converting x in the
        human notation
    end
```

这个代码有趣的部分是 `add_one` 子函数，它运行二进制加法。另一个特点是在倒数第二行中使用了 `indexes` 函数。它返回一个人类能理解的放入背包的物品列表，而不是由 0 和 1 组成的向量 $\vec{x}$。

可以用 5 个具有不同价值和体积的物品来测试背包算法。

```
>> backpack_size=7;
>> volumes=[  2,   5,   1,   3,  3];
>> values =[ 10, 12, 23, 45,  4];
>> [items_to_take, max_packed_value] = ...
        backpack_binary( backpack_size, volumes, values)
  items_to_take = [1 3 4]
  max_packed_value = 78
```

从结果中可以看出，该算法建议装入第一、第三和第四个物品，实现总装包物品价值最大化。没有比这更好的解了，我们可以自己求解来进行验证。

该算法几乎瞬间就完成 5 个物品组合的搜索。要遍历 20 个物品的组合，我的计算机需要 24s。如果要遍历 30 个物品，则需要花将近 1000 倍的时间，即超过 6 个小时。使用这个算法来对稍微长一点的对象列表进行排序是不现实的。这是通过探测所有 2^N 个组合来求解全局最优解的代价。

> **智慧之言**
>
> 使用暴力算法从来都不是一个好主意：它们实现容易，使用速度却很慢。

13.4.2 旅行商问题

假设一个商品推销员要去 N 个带有给定坐标(x 和 y)的城市去推销商品。推销员从标记为 1 的城市出发，行程最后需要到达第 N 个城市(见图 13.8)。推销员需要经过每一个城市，而且每个城市只能访问一次，我们需要找到推销员行进的最短路线。

这个问题与现实世界有许多联系。当你让导航寻找从一个地方到另一个地方的路线时，导航装置必须求解一个非常类似的问题。然而，导航器必须选择中间位置，然后找到最短路线。如果你选择的目的地太远，导航器甚至会没有足够的资源来进行路线规划，它可能建议你选择一个中间的地点。在下面的内容中你将看到，为什么规划有很多访问地点的长路线对于计算机来说是一个难题(至少在采用暴力搜索方法时是这样的)。

让我们估计一下旅行商问题的问题规模，也就是说，存在多少可能的组合。共有 N 个城市，推销员可以从第一个城市到 N−2 个目的地。我们减去 2，因为第一个城市和最后一个城市是由问题预定义的。对于第三个要经过的城市，我们有 $N-3$ 个选择。对于第四个要经过的城市，有 $N-4$ 个选择……将这个过程继续下去，直到没有要选择的城市。因此，可选择的城市总数如下：

$$(N-2)\times(N-3)\times(N-4)\times\cdots\times2\times1=(N-2)! \tag{13.19}$$

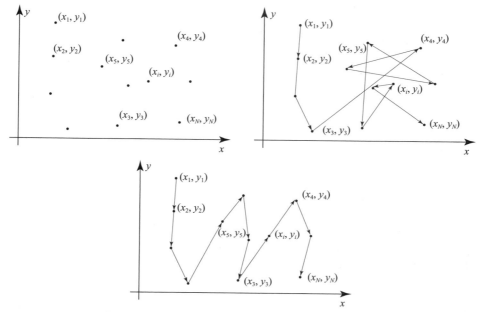

图 13.8 旅行商问题示意图。左图显示的是 N 个城市布局；中图显示的是一条可能的次优路线；右图显示的是一条较短的路线

这种数据比指数相关增长还要快。回想一下斯特灵(Stirling)近似：$N! \sim \sqrt{2\pi N}\left(\dfrac{N}{e}\right)^{N}$。如果测试一条由 22 个城市组成的路线只需要 1ns，由于 $20! \approx 2.4\times10^{18}$，那么遍历所有可能的组合需要花费大约 77 年的时间。现在你应该明白为什么选择路线对于导航器来说是一个很难的问题⊖。

不要因为这些数字而感到气馁。我们能够在一分钟内从 10 个城市中选出最短路线，甚至遍历所有的组合都是可能的。像前面的问题一样，最困难的是找到一种方法，遍历所有可能的城市组合。我们这样做是因为注意到一条完整的路线涉及所有的城市，所以另一条路线可以通过交换路线中的任意两个城市的位置，即通过排列来实现。因此，我们需要找到一种方法来遍历所有可能的排列。

1. 排列生成算法

幸运的是，有排列生成算法可用。MATLAB 就有一种排列生成算法，具体实现为 perms 函数。不幸的是，它不符合我们的需求，因为它生成并存储的是**全排列列表**。即使

⊖ 与背包问题一样，也存在更好的算法。有些方法在不测试的情况下就能聪明地排除次优路线；它们仍然能找到全局最小值，但是测试次数更少。例如，Held-Karp 算法能在 $O(2^N N^2)$ 步内完成[3]，尽管这需要相当多的工作内存。其他算法也能找到足够好的路线。比如我们将在 13.5 节中讨论的模拟退火算法。

一个不是很大的数字，如 $N \approx 15$，也会消耗所有可用的计算机内存。相反，我们将使用一种可以追溯到 14 世纪产生于印度的方法(参见文献[7])，该算法的伪代码如下：

下一个词典顺序(next lexicographic)全排列生成算法

1) 从按升序排序的集合开始，即 $p=[1, 2, 3, 4, \cdots, N-2, N-1, N]$。

2) 找到最大的索引 k，使得 $p(k)<p(k+1)$。

● 如果没有这样的索引，则排列为最后一个排列。

3) 找到最大的索引 l，使得 $p(k)<p(l)$。

● 至少有一个 l 满足条件，即 $l=k+1$。

4) 将 $p(l)$ 和 $p(k)$ 两个元素对调。

5) 将 $p(k+1)$ 之后的所有元素颠倒排序。

6) 得到一个新的排列。如果需要另外的排列，从第 2 步开始重复。

为了生成新的排列，该算法只需要知道前一个排列，因此算法内存占用是可以忽略不计的。名词"词典"(lexicographic)来自项目可排序要求(即可以比较它们的值)。在过去经常使用字母，因为在字母表中它们有特定的顺序(排名)。我们不一定使用字母，也可以使用数字，因为数字也拥有排序的属性。该算法的 MATLAB 实现参见程序 13.7。

程序 13.7   permutation.m(可从 http://physics.wm.edu/programming_with_MATLAB_book/./ch_optimization/code/permutation.m 获得)

```
function pnew=permutation(p)
        % Generates a new permutation from the old one
        % in such a way that new one will be
            lexicographically larger.
        %
        % If one wants all possible permutations, she
        % must prearrange elements of the permutation
            vector p
        % in ascending order for the first input, and then
    % feed the output of this function to itself.
        %
        % Elements of the input vector allowed to be not
            unique.
        %
        % See "The Art of Computer Programming, Volume 4:
        % Generating All Tuples and Permutations" by
            Donald Knuth
        % for the discussion of the algorithm.
        %
        % This implementation is optimized for MATLAB. It
            avoids cycles
        % which are costly during execution.

        N=length(p);
        indxs=1:N; % indexes of permutation elements

        % looking for the largest k where p(k) < p(k+1)
```

```
        k_candidates=indxs( p(1:N-1) < p(2:N) );
        if ( isempty(k_candidates) )
                % No such k is found thus nothing to
                    permute.
                pnew= p;
        % We must check at the caller for this special
            case pnew==p
        % as condition to stop.
        % All possible permutations are probed by this
            point.
        return;
        end
        k=k_candidates(end); % note special operator 'end'
            the last element of array

        % Assign the largest l such that p(k) < p(l).
        % Since we are  here at least one solution is
            possible: l= k+1
        indxs=indxs(k+1:end); % we need to truncate the
            list of possible indexes
        l_candidates=indxs( p(k) < p (k+1:end) );
        l=l_candidates(end);

        tmp=p(l); p(l)=p(k); p(k)=tmp; % swap p(k) and p(l
            )

        %reverse the sequence between p(k+1) and p(end)
        p(k+1:end)=p( end:-1:k+1 );
        pnew=p;
    end
```

关于该代码，需要注意的是一旦得到最后一个排列（所有项目将按降序排序），它将输出与输入相同的组合。这时要检查这种情况，以停止搜索。

2. 旅行商问题的组合解法

我们有了排列生成算法，剩下的工作就是直接查找最短路线。旅行商问题的 MAT-LAB 求解如程序 13.8 所示。

程序 13.8 traveler_comb.m(可从 http://physics.wm.edu/programming_with_MATLAB_book/./ch_optimization/code/traveler_comb.m 获得)

```
function [best_route, shortest_distance]=traveler_comb(x,y
    );
% x - cities x coordinates
% y - cities y coordinates

% helper function
function dist=route_distance(route)
    dx=diff( x(route) );
    dy=diff( y(route) );
    dist = sum( sqrt(dx.^2 + dy.^2) );
end

% initialization
N=length(x); % number of cities
```

```
init_sequence=1:N;

p=init_sequence(2:N-1); % since we start at the 1st city
    and finish in the last
pold=p*0; % pold MUST not be equal to p

route=[1,p,N]; % any route is better than none
best_route=route;
shortest_distance=route_distance(route);
% show the initial route with the first and the last
    cities marked with 'x'
plot( x(1), y(1), 'x', x(N), y(N), 'x',  x(2:N-1), y(2:N
    -1), 'o', x(route), y(route), '-');

while ( any(pold ~=p) ) % as long as the new permutation
    is different from the old one
    % Notice the 'any' operator above.
    pold=p;
    p=permutation(pold);
    route=[1,p,N];
    dist=route_distance(route);
    if (dist < shortest_distance)
        shortest_distance=dist;
        best_route=route;
        % Uncomment the following lines to see the
            currently best route
        %plot( x(1), y(1), 'x', x(N), y(N), 'x',  x(2:N-1)
            , y(2:N-1), 'o', x(route), y(route), '-');
        %drawnow; % forces the figure update
    end
end
% plot all the cities and the best route
plot( x(1), y(1), 'x', x(N), y(N), 'x',  x(2:N-1), y(2:N
    -1), 'o', x(best_route), y(best_route), '-');


end
```

请注意辅助函数 route_distance，顾名思义，它可以计算路线距离。这里，我们需要用到 MATLAB 生成数组的能力，数组中元素按特定的索引顺序输出（本例中为路线）。该代码在执行时还可以绘制当前找到的最佳路线。

让我们看一看它是如何处理连接 12 个城市的最短路线选择问题的。我们为下面的测试用例随机分配坐标：

```
>> x = [8.5 3.5 9.5 4.5 2.5 3.5 6.5 5.5 4.5 8.5 6.5 5.5];
>> y = [9.5 3.5 7.5 7.5 4.5 6.5 1.5 1.5 5.5 8.5 9.5 2.5];
>> the_shortest_route = traveler_comb(x,y)
    the_shortest_route = [1 3 10 11 4 6 9 5 2 8 7 12]
```

连接给定坐标城市的最短路线如图 13.9 所示。找到这条路线，我们大约用了 90s。

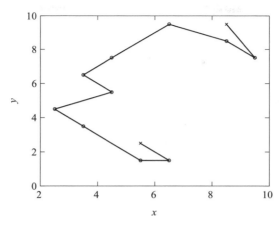

图 13.9 连接 12 个城市的最短路线。第一个和最后一个经过的城市用叉号标记，其他的城市用圆圈标记

13.5 模拟退火算法

我们发现，探索组合学所允许的全部空间是不实际的，即使对看起来很小的选项集合也是如此。然而，大自然似乎毫不费力地解决了能量最小化问题。例如，一块金属由很多原子组成（阿伏伽德罗常数 6×10^{23} 给出了数量级的估计），每个原子可以处于不同的状态，因此，问题空间肯定非常巨大。但是，如果我们缓慢地冷却金属（即退火），金属将会达到最小能量状态。

1953 年，Metropolis 和同事提出了一种算法，它可以根据不同状态的能量和整个物理系统的总温度来模拟系统状态的分布（参见文献[8]），也就是说，根据玻耳兹曼能量分布定律，原子具有能量 E 的概率为：

$$p(E) \sim \exp\left(-\frac{E - E_0}{kT}\right) \tag{13.20}$$

其中，E_0 是最低能量状态的能量；k 是玻耳兹曼常数；T 是系统的温度[⊖]。

回想一下，优化函数另一个名称就是能量函数，"能量"一词用在这里就很合适。注意，如果温度趋近于 0，根据上述方程，任何高于全局最小值的能量状态的概率都降低到 0。现在，我们有一个通用的算法思想：根据 Metropolis 算法演化系统模拟它的物理行为，同时降低温度（退火）以迫使系统进入最低能量状态。下面给出算法的所有步骤：

模拟退火（改进的 Metropolis）算法

1）将初始温度设置为一个充分大的值，这样 kT 大于典型的能量（优化）函数波动。

● 如果你不知道这个先验知识，需要做一些实验。

2）给状态 $\vec{x}$ 赋值，计算其能量 $E(\vec{x})$。

3）在某种程度上改变旧的状态 $\vec{x}$，生成新解 $\vec{x}_{\text{new}}$。

● $\vec{x}_{\text{new}}$ 应该与旧的 $\vec{x}$ 接近或相关。

⊖ 这一定律的推导是在统计力学和热力学课程中完成的。

4）计算新状态下的能量 $E_{new} = E(\vec{x}_{new})$。

5）如果 $E_{new} < E$，那么 $x = x_{new}$，重置 $E = E_{new}$。

- 也就是说，我们移动到能量低的新点；否则，按以下概率移动到新点。

$$p = \exp\left(-\frac{E_{new} - E}{kT}\right) \tag{13.21}$$

6）稍微降低温度，即继续退火。

7）对于给定的循环次数，重复第 3）～6）步。

8）得到局部最优解 $\vec{x}$。

你可能想知道优化问题中的温度是多少。其实它只是一个参数（即数字），由于它与物理学中的温度概念类似，物理学家才会坚持称之为温度。所以请不要担心，你不需要在计算机里放一个温度计。

在有限的时间内（有限的循环数），算法能保证找到局部极小值⊖。有一个定理（见文献[6]）指出：

如果以非常慢的速度冷却系统，算法运行时间将越来越长，那么得到最优解的概率就会变为 1。

不幸的是，这个定理并没什么用，因为它没有给出算法运行时间的紧缩方案，甚至有人指出它比暴力组合搜索需要更多的循环。然而，实际中该算法在相当短的时间内以较少的循环次数，能够得到一个足够好的解（即非常接近全局最小值）。

模拟退火算法有一个很好的特点，它不仅可用于离散空间问题，还可以用于接收实数 $\vec{x}$ 分量的问题。如果有足够的时间，该算法能够爬出局部最小值。

为了有效地（快速）地实现这一算法，需要选择最佳的冷却速率⊖和适当的 $\vec{x}$ 修改方法，使得新的状态值不会改变太大，也就是说，大部分时间都在最优解附近。做出正确的选择是非常具有挑战性的。

基于退火算法的背包问题求解

我们将用程序 13.9 中的模拟退火算法求解背包问题。正如在 13.4.1 节所讨论的，该问题的主要挑战是找到一个好的路线，生成新的候选 $\vec{x}_{new}$，它应该与之前的最佳 $\vec{x}$ 相关。我们不想对问题空间中的任意位置进行随机采样。

回想一下，$\vec{x}$ 的样式看起来像[0, 1, 1, 0, 1, …, 0, 1, 1]，所以应该随机地切换或改变一个小的子集。我们的做法是随机的⊜，所以不需要记录位置是否翻转。这由程

⊖　实际上，如果最终温度不是零，由于第 5 步中能以有限概率进入更高的能量状态，则最终状态的 x 可能偏离最小值。

⊖　如果退火速度太快，我们将陷入局部最小值，如果退火速度太慢，我们将在全局最小值附近探测时浪费大量的 CPU 周期。

⊜　如果你要做一个选择，但是不能确定哪个更好，那就抛硬币来决定吧，即随机地选择，毕竟有选择比没有选择要好。

序 13.9 中的 change_x 子函数完成。

只要我们记得是在寻找背包内物品价值的最大值，剩下的事情就很简单了。Metropolis 算法是针对最小化优化函数设计的。因此，我们选择的优化函数是背包中所有物品价值的相反数（负值）。注意，随机变异可能导致背包过填充状态（即所选物品体积超出了背包的容积）。所以，我们需要为背包过满情况增加一个惩罚项。与过填充状态成比例的正数是一个好选择，它向最小化算法发送反馈，表明不希望出现这样的状态。

智慧之言

如果没有正确完成家庭作业，通常会被扣分，我们称之为负反馈强度分。它们能帮助学生了解他们离最好成绩的差距。同样，控制理论告诉我们，最有效的反馈是负反馈。

这些在程序 13.9 所示的 backpack_merit 子函数中得到了处理。剩下的只是模拟退火算法的记录和直接实现。使用模拟退火算法求解背包问题的代码如程序 13.9 所示。

程序 13.9 backpack_metropolis.m(可从 http://physics.wm.edu/programming_with_MATLAB_book/./ch_optimization/code/backpack_metropolis.m 获得)

```
function [items_to_take, max_packed_value,
    max_packed_volume] = backpack_metropolis( backpack_size
    , volumes, values )
% Returns the list of items which fit in the  backpack and
    have the maximum total value.
% Solving the backpack problem with the simulated
    annealing (aka Metropolis) algorithm.
% backpack_size - the total volume of backpack
% volumes       - the vector of items volumes
% values        - the vector of items values

N=length(volumes); % number of items

function xnew=change_x(xold)
    % x is the state vector consisting of the take or no
        take flags
    % (i.e. 0/1 values) for each item
    % The new vector will be generated via random mutation
    % of every take or no take flag of the old one.
    flip_probability = 1./N; % in average 1 bit will be
        flipped
    bits_to_flip = (rand(1,N) < flip_probability );
    xnew=xold;
    xnew(bits_to_flip)=xor( xold(bits_to_flip) , 1 ); %
        xor operator flips the chosen flags
    if ( any( xnew ~= xold) )
            % at least 1 flag is flipped, so we are good to
                return
            return;
    else
```

```
            % none of the flags is flipped, so we try again
            xnew=change_x(xold); % recursive call to itself
        end
end

function [E,  items_value, items_volume] = backpack_merit(
   x, backpack_size, volumes, values)
     % Calculates the merit function for the backpack
        problem
     items_volume=sum(volumes .* x);
     items_value=sum(values  .* x);
     % The Metropolis algorithm is the minimization
        algorithm,
     % thus, we flip the packed items value (which we are
        maximizing)
     % to make the merit function to be minimization
        algorithm compatible.
     E= - items_value;

     % we should take care of the situations when the
        backpack is overfilled
     if ( (items_volume > backpack_size) )
         % Items do not fit and backpack, i.e. bad choice
            of the input vector 'x'.
         % We need to add a penalty.
         penalty=(items_volume-backpack_size); % overfill
            penalty
         % The penalty coefficient (mu) must be quite big,
         % but not too big or we will get stack in a local
            minimum.
         % Choosing this coefficient require a little
            tweaking and
         % depends on size of backpack, values and volumes
            vectors
         mu=100;
         E=E+mu*penalty;
     end
end


%% Initialization
% the current 'x' is the best one, since no other choices
   were checked.
xbest=zeros(1,N);
[Ebest, max_packed_value, max_packed_volume]=
   backpack_merit(xbest, backpack_size, volumes, values);

Ncycles=10000; % number of annealing cycles
kT=max(values)*5; % should be large enough to permit even
   large and non optimal merit values
kTmin=min(values)/5; % should be smaller than the smallest
   step in energy
% we choose annealing coefficient by solving: kTmin=kT*
   annealing_coef^Ncycles
annealing_coef= power(kTmin/kT, 1/Ncycles); % the
   temperature lowering rate

best_energy_at_cycle=NaN(1,Ncycles); % this array is used
   for illustrations of the annealing

% the main annealing cycle
```

```
for c=1:Ncycles
    xnew=change_x(xbest);
    [Enew, items_value_new, items_volume_new] = ...
            backpack_merit(xnew, backpack_size, volumes,
                values);

    prob=rand(1,1);
    if ( (Enew < Ebest) || ( prob < exp(-(Enew-Ebest)/kT)
        ) )
        % Either this point has smaller energy
        %  and we go there without thinking
        % or
        %  according to the Metropolis algorithm
        %  there is the probability exp(-dE/kT) to move
            away from the current optimum
        xbest = xnew;
        Ebest = Enew;
        max_packed_value=items_value_new;
        max_packed_volume=items_volume_new;
    end
    % anneal or cool the temperature
    kT=annealing_coef*kT;

    best_energy_at_cycle(c)=Ebest; % keeping track of the
        current best energy value
end
plot(1:Ncycles, best_energy_at_cycle); % the annealing
    illustrating plot
xlabel('Cycle number');
ylabel('Energy');

% the Metropolis algorithm can return a non valid solution
    ,
% i.e. with combined volume larger than the volume of the
    backpack.
% For simplicity, no checks are done to prevent it.
indexes=1:N;
items_to_take=indexes(xbest==1);

end
```

首先，我们使用与 13.5.1 节二进制搜索算法相同的输入来测试代码。

```
>> backpack_size=7;
>> volumes=[  2,  5,  1,  3,  3];
>> values =[ 10, 12, 23, 45,  4];
>> [items_to_take, max_packed_value] = ...
        backpack_metropolis( backpack_size, volumes,
            values)

  items_to_take = [1 3 4]
  max_packed_value = 78
```

正如所见，该算法结果与在全部组合空间中搜索的情况完全相同。这并不奇怪，因为我们对 5 件物品做了 10000 次探测（或退火），其参数空间是 $2^5 = 32$。我们再用 20 个物品来测试一下：

```
>> Vb=35;
>> val = [ 12 13 22 24 97 30 21 67 91 43 36 10 52 30 15 73 43 25 55 6];
>> vol = [ 20 27 34 23  4 22 32  2 30 34 34 24  8 23 18 30 14 4 27 22];
>> tic; [items, max_val, max_vol] = backpack_binary(Vb, vol, val); toc
   Elapsed time is 23.823041 seconds.
>>  items
  items = 5       8       13      17      18
>> max_val
  max_val = 284
>> tic; [items, max_val, max_vol] = backpack_metropolis(Vb,vol,val);toc
   Elapsed time is 0.515279 seconds.
>> items
    items = 5       8       13      17      18
>> max_val
  max_val = 284
```

正如所看到的，两种算法得出了相同的结果，即选择装入的物品都相同，装入背包物品的最大价值为 284。当运行 backpack_metroplis 算法时，你的答案可能稍有不同，因为算法的最后一步，有较小的概率达到不太好的能量状态（即偏离最优解）。用二值搜索算法需要 20s 以上，而模拟退火算法只需要 0.5s。最棒的是，即使对有更多物品可选择的复杂问题，它仍然只需要 0.5s 就能求解。因此，尽管有小概率得到次优解，但它仍然是很好的算法，能够以很小的代价来平衡急剧增加的速度。

你可能已经注意到，backpack_metropolis 函数绘制了给定退火循环次数下的优化结果和能量状态图。这个图对于判断是否选择了合适的退火速度非常有用。让我们看看图 13.10。

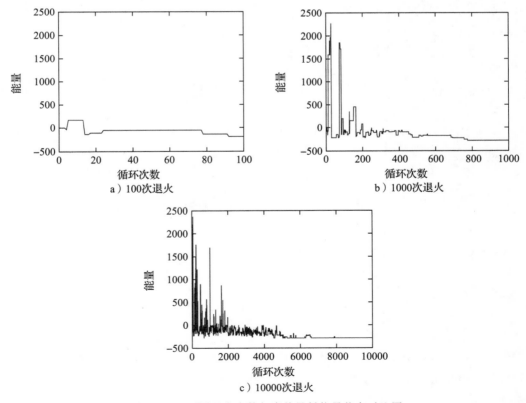

图 13.10   不同退火次数与当前最低能量状态对比图

针对有 20 个物品的背包问题，使用完全相同的代码 backpack_metropolis 生成了这些图，唯一的区别是退火次数分别为 100、1000 和 10000。当选择只做 100 次退火时，算法快速地将自身锁定在局部极小值（如左侧插图所示），其能量比最低能量－284 稍高。对于 1000 次退火的情况（见中间插图），该算法在开始阶段探索较高的能量空间，但是大约 200 次循环之后，它开始在全局最小值附近搜索。最后是 10000 次退火的例子（如右侧插图所示），情况有些相似，区别是它在约 6000 次退火后才收敛到全局最小值。

因此，我们认为 100 次退火周期太少，不能充分冷却系统。10000 次退火循环似乎又冷却得太慢，因为我们花了很多周期在最优值附近徘徊。然而，这种情况下，算法以全局最小值结束的概率是最高的。对这组特定输入参数来说，1000 次退火似乎是最好的，因为我们得到了一个很好的解，它比 10000 次循环（和解的能量几乎相同）的速度要快很多，而运行 100 次循环速度很快，但会产生次优解。

一般来说，我们希望能量状态的表现类似于图 13.10a 和图 13.10b，其中能量在开始处振荡，然后迅速向最小值处（全局或局部）移动。这样的能量状态走势表示退火速度选择得比较合适。

另一个棘手的部分是对初始温度和最终温度的正确选择。我们来看图 13.11。这些图都由程序 13.9 中相同的代码生成，但总共只有 100 次循环。在一种情况下，我们将初始温度和最终温度都降低至原来的 $\frac{1}{1000}$，而在另一种情况下，将这两个温度都提高 1000 倍。对于低温的情况（见图 13.11a），该算法将自身锁定在局部极小值，该局部极小值高于全局最小值。从图中可以看出，能量图中只有向下变化的趋势。对于较高温度的情况（见图 13.11c），算法不断地上下跳动，因为在高温下，向上运动和向下运动的概率一样。从本质上讲，温度永远不会低到让系统稳定在最小值。显然，这种情况下的解是最差的：注意图中的能量刻度和最终能量是正值的事实，也就是说，这是背包过填充状态的非法解。图 13.11b 中进行了中等温度设置，它显示了温度参数调整较好时能量状态的表现：在循环 15 次左右时，能量状态爬出局部极小值，然后随着退火过程的结束，能量大部分处于下降趋势。

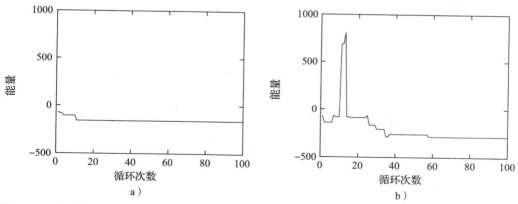

图 13.11　在不同退火温度下，当前的最低能量状态与退火循环数之间的关系：图 13.11a 中温度是
　　　　　图 13.11b 中温度的 $\frac{1}{1000}$，而图 13.11c 中温度是图 13.11b 中温度的 1000 倍。3 种情况下，
　　　　　均模拟运行 100 个周期

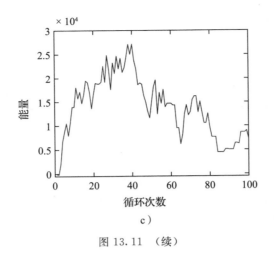

图 13.11   （续）

13.6   遗传算法

遗传算法的思想源于自然界的生物进化，大自然常通过自然选择找到最优解（见文献 [5]）。遗传算法有多种改进形式，但其主要思路如下：

遗传算法

1）产生初始种群（$\{\vec{x}\}$ 集合）；

● 该集合的大小由你自己决定。

2）确定种群中每个个体的适应度（优化）函数；

3）除了最适合优化规则的个体，其余的个体都被移除；

● 根据启发式调整决定多少个体应该保留。

4）从最适合的⊖个体（父母）培育新的种群（子代），达到原始种群的规模；

5）返回第 2 步，重复多次；

6）选择种群中最适合的个体作为最终的解。

像往常一样，最关键的是生成新的 $\vec{x}$，即从父母生成子代。让我们使用大自然提供的方法。我们将把 $\vec{x}$ 称为染色体或基因组（算法也因此得名）。

子代基因组的生成

1）从最适合的集合中随机选择父母。

2）父母的染色体进行交叉或重组：从父母染色体中随机提取基因（即 $\vec{x}$ 分量），将它们分配给新的子代个体。

3）让子代个体基因随机变异（即改变）。

⊖ 我们实际上是在实现"适者生存"。因此，对于遗传算法来说，优化或能量函数的名称是"适应度"。

一些改进算法允许父代出现在新的选择周期中，而其他算法则要排除父代个体，以希望远离局部最小值。

要找到一个好的解，需要大量的种群，因为这让你探索更大的参数空间（想想微生物和人类的进化方式）。然而，这反过来又导致每个选择周期的计算时间更长。遗传算法的一个优点是它适合并行计算模式：可以在不同 CPU 上评估每个子代个体的适应度，然后比较它们的适应度。

除了完全组合搜索之外，和任何其他优化搜索算法一样，遗传算法也不能保证在有限时间内找到全局最优解。

13.7　自学

总体意见：

● 不要忘记运行测试用例。

习题 13.1
黄金分割算法中，在需要选择 $a' = x_1$ 和 $b' = b$ 的情况下，证明 R 仍然可以用相同的表达式得出。

习题 13.2
黄金分割算法中，假设初始开区间的间距是 h，用解析方法估计需要多少次迭代能将区间范围缩小到 $10^{-9} \times h$。

习题 13.3
编程实现黄金分割算法（注意用简单测试案例检查代码）求函数 $E_1(x) = x^2 - 100 * (1 - \exp(-x))$ 在什么位置有最小值。

习题 13.4
对于 12.2 节中描述的抛硬币游戏，使用黄金分割算法和蒙特卡罗仿真找到最优的（最大化收益）投注比例。随意使用我们提供的免费代码。

注意：为了减小优化函数评估的不确定性，需要大量的游戏运行次数。建议平均至少运行 1000 次，每次抛硬币的次数为 100 次。

习题 13.5
求函数
$$F(x, y, z, w, u) = (x - 3)^2 + (y - 1)^4 + (u - z)^2 + (u - 2 * w)^2 + (u - 6)^2 + 12$$
在什么位置有最小值？函数 $F(x, y, z, w, u)$ 在这一点的值是多少？

习题 13.6
修改本章提供的旅行商组合优化算法，来解决一个略有不同的问题——求通过所有城市的最短路线，开始和结束的城市是同一座城市，也就是说，我们需要一个闭环路线。

城市坐标由文件 cities_for_combinatorial_search.dat [⊖] 给出：数据文件的第一列对应于 x 坐标，第二列对应于 y 坐标。第一行是路线开始和结束时的城市坐标。

⊖　文件下载地址：http://physics.wm.edu/programming_with_MATLAB_book/. /ch_optimization/data/cities_for_combinatorial_search. dat。

请回答下列问题：

● 所有城市在最短路线中的顺序是什么？

● 最佳路线的总长度是多少？

● 绘图表示城市位置及最短路线。

习题 13.7

使用 Metropolis 算法解答习题 13.6。获得新测试路线的好方法是随机交换路线中的两个城市。你需要退火次数、系统初始问题和最终温度（kT），给出你做出这种选择的理由。

作为测试，将该算法的解与组合搜索方法进行比较。

现在，从文件 cities_for_metropolis_search. dat $^{\ominus}$ 中载入城市坐标。求访问这组城市的最短路线。

● 所有城市在最短路线中的顺序是什么？

● 最佳路线的总长度是多少？

● 绘图表示城市位置及最短路线。

$\ominus$　文件下载地址：http://physics. wm. edu/programming_with_MATLAB_book/. /ch_optimization/data/cities_for_metropolis_search. dat。

常微分方程

本章将讨论常微分方程的求解方法，主要讲解经典的欧拉(Euler)方法和 Runge-Kutta 方法以及 MATLAB 的内置命令，并通过自由落体和空气阻力运动的例子说明它们的用法。

14.1　常微分方程简介

在数学中，常微分方程(ODE)是指只包含一个变量的函数及其导数的方程。n 阶常微分方程具有如下形式：

$$y^{(n)} = f(x, y, y', y'', \cdots, y^{(n-1)}) \tag{14.1}$$

其中，x 是独立变量；$y^{(i)} = \dfrac{\mathrm{d}^i y}{\mathrm{d}x^i}$ 是函数 $y(x)$ 的第 i 阶微分；f 是外力项。

示例

毫无疑问，最著名的二阶常微分方程是牛顿第二定律，它把物体的加速度(a)与施加到物体上的作用力(F)联系了起来：

$$a(t) = \frac{F}{m}$$

其中，m 表示物体的质量；t 表示时间。

为了简单起见，这里只讨论位置分量 y。记住加速度是位置的二阶导数，即 $a(t) = y''(t)$。作用力函数 F 取决于时间、物体位置及其速度(即位置的一阶导数 y')，所以 F 可以写成 $F(t, y, y')$。因此，牛顿第二定律可以改写为如下二阶常微分方程：

$$y'' = \frac{F(t, y, y')}{m} = f(t, y, y') \tag{14.2}$$

可以看出，上式中时间是一个独立变量。只需要将变量 t 记为 x 就可以得到式(14.1)所示的标准方程。

任何 n 阶常微分方程(如式 14.1)都可以转换成一阶常微分方程组。

n 阶常微分方程到一阶常微分方程组的变换

我们定义以下变量：

$$y_1 = y, y_2 = y', y_3 = y'', \cdots, y_n = y^{(n-1)} \tag{14.3}$$

然后，可以写出如下方程组：

$$\begin{bmatrix} y_1' \\ y_2' \\ y_3' \\ \vdots \\ y_{n-1}' \\ y_n' \end{bmatrix} = \begin{bmatrix} f_1 \\ f_2 \\ f_3 \\ \vdots \\ f_{n-1} \\ f_n \end{bmatrix} = \begin{bmatrix} y_2 \\ y_3 \\ y_4 \\ \vdots \\ y_n \\ f(x, y_1, y_2, y_3, \cdots, y_n) \end{bmatrix} \tag{14.4}$$

可以把式(14.4)写成更紧凑的向量形式(即常微分方程组的标准形式):

$$\vec{y}' = \vec{f}(x, \vec{y}) \tag{14.5}$$

示例

我们将牛顿第二定律(式(14.2))转换成一阶常微分方程组。物体的加速度是速度对时间的一阶导数,加速度等于物体的作用力除以质量:

$$\frac{dv}{dt} = v'(t) = a(t) = \frac{F}{m}$$

而且,速度本身是位置对时间的一阶导数:

$$\frac{dy}{dt} = y'(t) = v(t)$$

联合以上方程,式14.2可以改写为如下形式:

$$\begin{bmatrix} y' \\ v' \end{bmatrix} = \begin{bmatrix} v \\ f(t, y, v) \end{bmatrix} \tag{14.6}$$

重新进行如下变量标记,$t \to x$,$y \to y_1$,$v \to y_2$,可以将式(14.4)改写为如下标准形式:

$$\begin{bmatrix} y_1' \\ y_2' \end{bmatrix} = \begin{bmatrix} y_2 \\ f(x, y_1, y_2) \end{bmatrix} \tag{14.7}$$

14.2   边界条件

n 阶常微分方程组需要 n 个约束条件来完全定义,这可以通过提供**边界条件**(boundary condition)来实现。有几种不同的替代方法可以做到这一点。最直观的方法是在某些初始位置 x_0 处指定全部 $\vec{y}$ 分量,即 $\vec{y}(x_0) = \vec{y}_0$,这称为初值问题。

替代方法是在初始位置 x_0 处指定 $\vec{y}$ 的部分分量,其余的在最终位置 x_f 处指定 $\vec{y}$ 分量。以这种方式指定的问题称为两点边值问题。

在本章中,我们只考虑初值问题及其求解方法。

初值问题边界条件

在初始位置 x_0 处,需要指定 $\vec{y}$ 的所有分量。

$$\begin{bmatrix} y_1(x_0) \\ y_2(x_0) \\ y_3(x_0) \\ \vdots \\ y_n(x_0) \end{bmatrix} = \begin{bmatrix} y_{1_0} \\ y_{2_0} \\ y_{3_0} \\ \vdots \\ y_{n_0} \end{bmatrix} = \begin{bmatrix} y_0 \\ y_0' \\ y_0'' \\ \vdots \\ y_0^{(n-1)} \end{bmatrix}$$

对于上一节讨论过的牛顿第二定律，边界条件要求我们为式(14.7)指定物体的初始位置和速度。这样，方程组才被完全界定，只有一种可能的解。

14.3 求解常微分方程的数值方法

14.3.1 欧拉方法

让我们考虑最简单的情况：一阶常微分方程（注意没有向量符号）：

$$y' = f(x, y)$$

常微分方程解的确切写法如下：

$$y(x_f) = y(x_0) + \int_{x_0}^{x_f} f(x, y) \mathrm{d}x$$

这个公式的问题是函数 $f(x, y)$ 依赖于 y 本身。然而，在一个足够小的区间 $[x, x+h]$，可以假设 $f(x, y)$ 不变，也就是说，它是常数。在这种情况下，我们可以使用熟悉的矩形积分公式（参见 9.2 节）：

$$y(x+h) = y(x) + f(x, y)h$$

应用到 ODE 中时，这个过程称为**欧拉方法**（Euler's method）。

我们需要将区间 $[x_0, x_f]$ 分割成一系列步长为 h 的点，然后从 x_0 跳到 x_0+h，再跳到 x_0+2h，以此类推。

现在，做一个简单的变换就能得到欧拉方法的向量形式（n 阶 ODE）。

欧拉方法（误差为 $\mathcal{O}(h^2)$）

$$\vec{y}(x+h) = \vec{y}(x) + \vec{f}(x, y)h$$

欧拉方法的 MATLAB 实现如程序 14.1 所示。

程序 14.1 odeeuler.m（可从 http://physics.wm.edu/programming_with_MATLAB_book/./ch_ode/code/odeeuler.m 获得）

```
function [x,y]= odeeuler(fvec, xspan, y0, N)
    %% Solves a system of ordinary differential equations
    %     with the Euler method
    % x - column vector of x positions
    % y - solution array values of y, each row corresponds
    %     to particular row of x.
    %     each column corresponds, to a given derivative
    %     of y,
    %     including y(:,1) with no derivative
    % fvec  - handle to a function f(x,y) returning forces
    %     column vector
    % xspan - vector with initial and final x coordinates
    %     i.e. [x0, xf]
    % y0    - initial conditions for y, should be row
    %     vector
    % N     - number of points in the x column (N>=2),
    %         i.e. we do N-1 steps during the calculation

    x0=xspan(1);              % start position
```

```
xf=xspan(2);            % final position

h=(xf-x0)/(N-1);        % step size
x=linspace(x0,xf,N);    % values of x where y will be
   evaluated

odeorder=length(y0);
y=zeros(N,odeorder);    % initialization
x(1)=x0; y(1,:)=y0;     % initial conditions
for i=2:N % number of steps is less by 1 then number
   of points since we know x0,y0
   xprev=x(i-1);
   yprev=y(i-1,:);
   % Matlab somehow always send column vector for 'y'
      to the forces calculation code
   % transposing yprev to make this method compatible
      with Matlab.
   % Note the dot in .' this avoid complex conjugate
      transpose
   f=fvec(xprev, yprev.');
   % we receive f as a column vector, thus, we need
      to transpose again
   f=f.';
   ynext=yprev+f*h;  % vector of new values of y: y(x
      +h)=y(x)+f*h
   y(i,:)=ynext;
   end
end
```

就像矩形积分法比不上更高级的方法（如梯形法和辛普森法）一样，对于给定的 h，欧拉方法的精度较低。但也会有更好的方法，我们接下来就要介绍这些方法。

14.3.2　二阶 Runge-Kutta 方法(RK2)

如文献[1]中所示，ODE 采用多变量微积分和泰勒展开式可以写成如下形式：

$$\vec{y}(x_{i+1}) = \vec{y}(x_i + h)$$

$$= \vec{y}(x_i) + C_0 \vec{f}(x_i, \vec{y}_i)h + C_1 \vec{f}(x_i + ph, \vec{y}_i + qh\vec{f}(x_i, \vec{y}_i))h + \mathcal{O}(h^3)$$

其中，C_0，C_1，p，q 是满足以下约束条件的常数：

$$C_0 + C_1 = 1 \tag{14.8}$$

$$C_1 p = \frac{1}{2} \tag{14.9}$$

$$C_1 q = \frac{1}{2} \tag{14.10}$$

很明显，这个系统是欠约束的，因为这里有 4 个常数却只有 3 个方程。参数 C_0，C_1，p，q 有很多种可能的解，一种解并不一定比其他的解更优。

但是有一种"直觉的"选择，$C_0 = 0$，$C_1 = 1$，$p = \frac{1}{2}$，$q = \frac{1}{2}$。它提供了如下方法，用来确定步长 h 后下一个位置的 $\vec{y}$。

改进的欧拉方法或中点方法（误差为 $\mathcal{O}(h^3)$）

$$\vec{k}_1 = h\vec{f}(x_i, \vec{y}_i)$$

$$\vec{k}_2 = h\vec{f}\left(x_i + \frac{h}{2}, \vec{y}_i + \frac{1}{2}\vec{k}_1\right)$$

$$\vec{y}(x_i + h) = \vec{y}_i + \vec{k}_2$$

顾名思义，我们计算 $\vec{y}(x+h)$ 的值，先使用类似欧拉方法计算 $\vec{k}_1$，然后在那个方向上移动一半步长，在中点处更新力向量。最后，使用这个力向量找到 $x+h$ 处改进的 $\vec{y}$ 值。

14.3.3 四阶 Runge–Kutta 法（RK4）

$\vec{y}(x+h)$ 的高阶展开允许有多种可能的展开系数（参见文献[1]）。其中一种规范展开系数形式如下（参见文献[9]）：

四阶 Runge-Kutta 方法（截断误差为 $\mathcal{O}(h^5)$）

$$\vec{k}_1 = h\vec{f}(x_i, \vec{y}_i)$$

$$\vec{k}_2 = h\vec{f}(x_i + \frac{h}{2}, \vec{y}_i + \frac{1}{2}\vec{k}_1)$$

$$\vec{k}_3 = h\vec{f}(x_i + \frac{h}{2}, \vec{y}_i + \frac{1}{2}\vec{k}_2)$$

$$\vec{k}_4 = h\vec{f}(x_i + h, \vec{y}_i + \vec{k}_3)$$

$$\vec{y}(x_i + h) = \vec{y}_i + \frac{1}{6}(\vec{k}_1 + 2\vec{k}_2 + 2\vec{k}_3 + \vec{k}_4)$$

14.3.4 其他数值求解器

我们不会介绍所有的常微分方程求解方法。到目前为止，只讨论了固定步长的显示方法。当外力项变化缓慢时，增加步长 h 是合理的，或者当外力项在给定间隔内快速改变时要减小步长。这导致了一系列的自适应方法。

也有隐式方法，求解 $\vec{y}(x_i + h)$ 要满足以下等式：

$$\vec{y}(x_i) = \vec{y}(x_i + h) - f(x, \vec{y}(x_i + h))h \tag{14.11}$$

这种隐式方法更加鲁棒，但是计算复杂性要求更高。比如文献[1，9]中就介绍了几种其他的常微分方程求解算法。

14.4 刚性常微分方程及数值解的稳定性问题

让我们来看下面的一阶常微分方程：

$$y' = 3y - 4e^{-x} \tag{14.12}$$

它的解析解形式如下：

$$y = Ce^{3x} + e^{-x} \tag{14.13}$$

其中，C 是常量。

如果初始条件为 $y(0)=1$，那么它的解是

$$y(x) = \mathrm{e}^{-x}$$

脚本 ode_unstable_example.m（见程序 14.2）计算并绘制了以上常微分方程的数值解和解析解。

程序 14.2 ode_unstable_example.m（可从 http://physics.wm.edu/programming_with_ MATLAB_book/./ch_ode/code/ode_unstable_example.m 获得）

```
%% we are solving y'=3*y-4*exp(-x) with y(0)=1
y0=[1]; %y(0)=1
xspan=[0,2];

fvec=@(x,y) 3*y(1)-4*exp(-x);
% the fvec is scalar, there is no need to transpose it to
   make a column vector

Npoints=100;
[x,y] = odeeuler(fvec, xspan, y0, Npoints);

% general analytical solution is
% y(x)= C*epx(3*x)+exp(-x), where C is some constant
% from y(0)=1  follows C=0
yanalytical=exp(-x);
plot(x, y(:,1), '-', x, yanalytical, 'r.-');
set(gca,'fontsize',24);
legend('numerical','analytical');
xlabel('x');
ylabel('y');
title('y vs. x');
```

从图 14.1 可以看出，数值解偏离了解析解。一开始，我们可能认为这是由于很大的步长 h 引起的，或者是使用了欧拉方法。然而，即使减小步长 h（通过增加 Npoints）或改变 ODE 求解算法，数值解与解析解的差异也会逐渐增大。

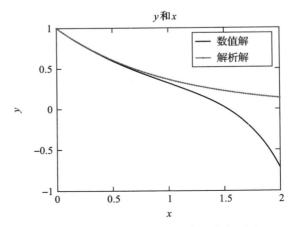

图 14.1 式(14.12)的数值解与解析解对比

这种差异是舍入误差累积的结果（见 1.5 节）。从计算机的角度来看，由于在某一点上的累积误差，数值计算的 $y(x)$ 偏离了解析解。这相当于我们遵循的初始条件是 $y(0) = 1 + \delta$。δ 虽然小，但是它使 $C \neq 0$，因此，数值解取式（14.13）的发散项 $\exp(3x)$。我们可能会认为 h 的减小应该会有帮助，至少这显然会把偏差点向右移。这个想法使我们选取越来越小的 h（因此增加了计算时间）来处理看似平滑的 y 及其导数。这类方程称为**刚性方程**。注意，由于舍入误差，我们不能无限制地减少 h。在这种情况下，14.3.4 节中简单提到的隐式算法通常更稳定。

> **智慧之言**
>
> 没有适当的前提条件时，不要相信数值解（不管采用什么方法）。

14.5　MATLAB 的内置常微分方程求解器

查看 ODE 的帮助文档，尤其要注意以下几种求解器：

- ode45 采用自适应显式的四阶 Runge-Kutta 方法（很好的默认方法）。
- ode23 采用自适应显式的二阶 Runge-Kutta 方法。
- ode113 适合"刚性"问题。

"自适应"意味着不需要手动选择步长 h，算法会自动选择步长。但是要记住一条原则——不要太相信计算机的选择。

运行 MATLAB 内置命令 odeexamples，查看 ODE 求解器的一些演示程序。

14.6　常微分方程示例

在本节中，我们将介绍几个涉及常微分方程的物理系统示例。对于任何常微分方程，主要的挑战是将紧凑的人类符号转换为标准的常微分方程形式（见式（14.5）），我们有多种数值方法来求解。

14.6.1　自由落体

考虑地球重力场内在竖直方向（y）上的物体自由落体运动，为简单起见，我们假设没有空气阻力，物体的唯一作用力是地球引力。我们还假设一切都发生在海平面，所以引力与高度无关。在这种情况下，可以改写牛顿第二定律：

$$y'' = \frac{F_g}{m} = -g \tag{14.14}$$

其中，y 是物体的垂直坐标；F_g 是重力；m 是物体质量；$g = 9.8\,\mathrm{m/s^2}$，是重力加速度常数。

y 坐标轴竖直向上，重力的方向与之方向相反，因此，需要在 g 前面加上负号。y'' 是位置对时间(本例中的独立变量)的二阶微分。

式(14.14)是一个二阶常微分方程,我们需要将其转换为两个一阶常微分方程。将 y 轴方向的速度分量(v)表示为位置 y 的一阶微分,加速度 y'' 为速度 v 的一阶微分。因此,将二阶常微分方程重写为如下形式:

$$\begin{bmatrix} y' \\ v' \end{bmatrix} = \begin{bmatrix} v \\ -g \end{bmatrix} \qquad (14.15)$$

最后,重新进行如下变量标记 $t \rightarrow x$,$y \rightarrow y_1$,$v \rightarrow y_2$,将式(14.15)表示为如下标准形式:

$$\begin{bmatrix} y_1' \\ y_2' \end{bmatrix} = \begin{bmatrix} y_2 \\ -g \end{bmatrix} \qquad (14.16)$$

为了使用 ODE 数值求解器,需要为 ODE 的力学项编写积分函数,它主要负责方程组的右边部分。程序 14.3 将实现此项工作。

程序 14.3 free_fall_forces.m(可从 http://physics.wm.edu/programming_with_MAT-LAB_book/./ch_ode/code/free_fall_forces.m 获得)

```
function fvec=free_fall_forces(x,y)
      % free fall forces example
      % notice that physical meaning of the  independent
          variable 'x' is  time
      % we are solving y''(x)=-g, so the transformation
        to the canonical form is
      % y1=y; y2=y'
      % f=(y2,-g);

      g=9.8; % magnitude of the acceleration due to the
          free fall in m/s^2

      fvec(1)=y(2);
      fvec(2)=-g;
      % if we want to be compatible with Matlab solvers,
          fvec should be a column
      fvec=fvec.'; % Note the dot in .' This avoids
          complex conjugate transpose
end
```

现在,我们准备用数值方法求解常微分方程。使用程序 14.1 中的算法能够完成这项工作。MATLAB 的内置函数也非常适合这个任务,但是在这种情况下我们需要忽略点的数量,因为步长 h 是由算法选择的。程序 14.4 说明了它的工作过程。

程序 14.4 ode_free_fall_example.m(可从 http://physics.wm.edu/programming_with_MATLAB_book/./ch_ode/code/ode_free_fall_example.m 获得)

```
%% we are solving y''=-g,  i.e  free fall motion

% Initial conditions
y0=[500,15]; % we start from the height of 500 m  and our
    initial velocity is 15 m/s
```

```
% independent variable 'x' has the meaning of time in our
   case
timespan=[0,13]; % free fall for duration of  13 seconds


Npoints=20;

%% Solve the ODE
[time,y] = odeeuler(@free_fall_forces, timespan, y0,
   Npoints);
% We can use MATLAB's built-ins, for example ode45.
% In this case, we should  omit Npoints. See the line
   below.
%[time,y] = ode45(@free_fall_forces, timespan, y0);


%% Calculating the analytical solution
g=9.8;
yanalytical=y0(1) + y0(2)*time - g/2*time.^2;
vanalytical=y0(2) - g*time;

%% Plot the results
subplot(2,1,1);
plot(time, y(:,1), '-', time, yanalytical, 'r-');
set(gca,'fontsize',20);
legend('numerical','analytical');
xlabel('Time, S');
ylabel('y-position, m');
title('Position vs. time');
grid on;
subplot(2,1,2);
plot(time, y(:,2), '-', time, vanalytical, 'r-');
set(gca,'fontsize',20);
legend('numerical','analytical');
xlabel('Time, S');
ylabel('y-velocity, m/s');
title('Velocity vs. time');
grid on;
```

对于这样简单的问题，系统有精确的解析解。

$$\begin{cases} y(t) = y_0 + v_0 t - \dfrac{gt^2}{2} \\ v(t) = v_0 - gt \end{cases} \tag{14.17}$$

程序 14.4 计算并绘制方程的数值解和解析解，对它们进行了比较，结果如图 14.2 所示。正如所见，两种解几乎是重叠的，也就是说，它们几乎是相同的。尝试增加点数（Npoints），即减小步长 h，查看数值解如何收敛到真正的解析解。

14.6.2 空气阻力运动

前面的例子比较简单，让我们来解一个更复杂的问题：受空气阻力影响的炮弹运动。我们将考虑地球表面附近 x-y 平面内的二维运动，因此重力加速度 g 为常数。这一次，我们必须考虑空气阻力 $\vec{F}_d$，它的方向与炮弹的速度方向相反，大小与速度的平方成正比（注

意式(14.18)中的 $v\vec{v}$ 项):

$$\vec{F}_d = -\frac{1}{2}\rho C_d A v\vec{v} \qquad (14.18)$$

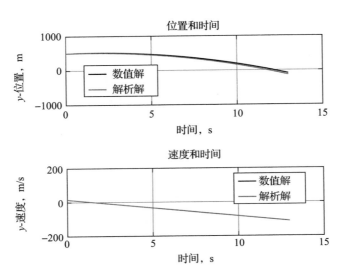

图 14.2 自由落体问题的解析解和数值解

其中，C_d 是阻力系数，取决于炮弹的形状；A 是炮弹的横截面面积；ρ 是空气密度。为了简单起见，假定空气密度在炮弹可到达的范围内是恒定的。

这种情况下，牛顿第二定律可以写成：

$$m\vec{r}\,'' = \vec{F}_g + \vec{F}_d \qquad (14.19)$$

其中，$\vec{r}$ 是跟踪炮弹位置的半径矢量；$\vec{F}_g = m\vec{g}$，即质量为 m 的炮弹所受的重力。

上述方程为二阶常微分方程。与前面的例子一样，将其转换为一阶常微分方程组：

$$\begin{bmatrix} \vec{r}\,' \\ \vec{v}\,' \end{bmatrix} = \begin{bmatrix} \vec{v} \\ \dfrac{\vec{F}_g}{m} + \dfrac{\vec{F}_d}{m} \end{bmatrix} \qquad (14.20)$$

我们应该注意这些方程的向量形式，这提醒我们每一项都有 x 和 y 分量。将这些分量写成如下形式：

$$\begin{bmatrix} x' \\ v_x' \\ y' \\ v_y' \end{bmatrix} = \begin{bmatrix} v_x \\ \dfrac{F_{g_x}}{m} + \dfrac{F_{d_x}}{m} \\ v_y \\ \dfrac{F_{g_y}}{m} + \dfrac{F_{d_y}}{m} \end{bmatrix} \qquad (14.21)$$

因为重力只指向竖直方向，因而 $F_{g_x}=0$，通过这一点简化方程。此外，我们注意到 $F_{d_x}=-\dfrac{F_d v_x}{v}$ 和 $F_{d_y}=-\dfrac{F_d v_y}{v}$，其中空气阻力的大小为 $F_d=\dfrac{C_d A v^2}{2}$。简化后的方程形式

如下：

$$\begin{bmatrix} x' \\ v_{x'} \\ y' \\ v_{y'} \end{bmatrix} = \begin{bmatrix} v_x \\ -\dfrac{F_d v_x}{vm} \\ v_y \\ -g - \dfrac{F_d v_y}{vm} \end{bmatrix} \tag{14.22}$$

最后，通过以下变换将以上方程转化为规范形式：

$$x \rightarrow y_1, v_x \rightarrow y_2, y \rightarrow y_3, v_y \rightarrow y_4, t \rightarrow x$$

成功的关键是依赖这种变换，在问题实现过程中能在数学模型和人类（物理）符号之间进行转换。让我们看看程序 14.5 中是如何求解这个问题的。

程序 14.5　ode_projectile_with_air_drag_model.m(可从 http://physics.wm.edu/programming_with_MATLAB_book/./ch_ode/code/ode_projectile_with_air_drag_model.m 获得)

```
function [t, x, y, vx, vy] =
  ode_projectile_with_air_drag_model()
    %% Solves the equation of motions for a projectile
       with air drag included
    % r''= F = Fg+ Fd
    % where
    % r is the radius vector, Fg is the gravity pull force
      , and Fd is the air drag force.
    % The above equation can be decomposed to x and y
      projections
    % x'' = Fd_x
    % y'' = -g + Fd_y
    % Fd =  1/2 * rho * v^2 * Cd * A is the drag force
      magnitude
    % where v is speed.
    % The drag force directed against the velocity vector
    % Fd_x= - Fd * v_x/v  ; % vx/v takes care of the
      proper sign of the drag projection
    % Fd_y= - Fd * v_y/v  ; % vy/v takes care of the
      proper sign of the drag projection
    % where vx and vy are the velocity projections

    % at the first look it does not look like ODE but
      since x and y depends only on t
    % it is actually a system of ODEs

    % transform system to the canonical form
    % x  -> y1
    % vx -> y2
    % y  -> y3
    % vy -> y4
    % t  -> x
    %
    % f1 -> y2
    % f2 -> Fd_x
    % f3 -> y4
    % f4 -> -g + Fd_y
```

```
% some constants
rho=1.2;  % the density of air kg/m^3
Cd=.5;    % an arbitrary choice of the drag
   coefficient
m=0.01;   % the mass of the projectile  in kg
g=9.8;    % the acceleration due to gravity
A=.25e-4; % the area of the projectile in m^2, a
   typical bullet is 5mm x 5mm

function fvec = projectile_forces(x,y)
    % it is crucial to move from the ODE notation to
       the human notation
    vx=y(2);
    vy=y(4);
    v=sqrt(vx^2+vy^2); % the speed value

    Fd=1/2 * rho * v^2 * Cd * A;

    fvec(1) = y(2);
    fvec(2) = -Fd*vx/v/m;
    fvec(3) = y(4);
    fvec(4) = -g -Fd*vy/v/m;

    % To make matlab happy we need to return a column
       vector.
    % So, we transpose (note the dot in .')
    fvec=fvec.';
end

%% Problem parameters setup:
% We will set initial conditions similar to a bullet
   fired from
% a rifle at 45 degree to the horizon.
tspan=[0, 80];        % time interval of interest
theta=pi/4;           % the shooting angle above the
   horizon
v0 = 800;             % the initial projectile speed in
   m/s
y0(1)=0;              % the initial x position
y0(2)=v0*cos(theta);  % the initial vx velocity
   projection
y0(3)=0;              % the initial y position
y0(4)=v0*sin(theta);  % the initial vy velocity
   projection
    % We are using matlab solver
    [t,ysol] = ode45(@projectile_forces, tspan, y0);

    % Assigning the human readable variable names
    x =  ysol(:,1);
    vx = ysol(:,2);
    y =  ysol(:,3);
    vy = ysol(:,4);
    v=sqrt(vx.^2+vy.^2); % speed

    % The analytical drag-free motion solution.
    % We should not be surprised by the projectile
       deviation from this trajectory
    x_analytical = y0(1) + y0(2)*t;
    y_analytical = y0(3) + y0(4)*t -g/2*t.^2;
```

```
v_analytical= sqrt(y0(2).^2 + (y0(4) - g*t).^2); %
    speed

ax(1)=subplot(2,1,1);
plot(x,y, 'r-', x_analytical, y_analytical, 'b-');
set(gca,'fontsize',14);
xlabel('Position x component, m');
ylabel('Position y component, m');
title ('Trajectory');
legend('with drag', 'no drag', 'Location','SouthEast')
    ;

ax(2)=subplot(2,1,2);
plot(x,v, 'r-', x_analytical, v_analytical, 'b-');
set(gca,'fontsize',14);
xlabel('Position x component, m');
ylabel('Speed');
title ('Speed vs. the x position component');
legend('with drag', 'no drag', 'Location','SouthEast')
    ;

linkaxes(ax,'x'); % very handy for related subplots
end
```

该代码显示了同样的炮弹的两个轨迹：一个是考虑空气阻力的情况，另一个是不考虑空气阻力的情况（见图 14.3）。在后一种情况下，我们以与上例同样的方式提供了解析解和数值解。然而，一旦考虑阻力，就不能容易地确定解析解了，必须使用数值方法求解。

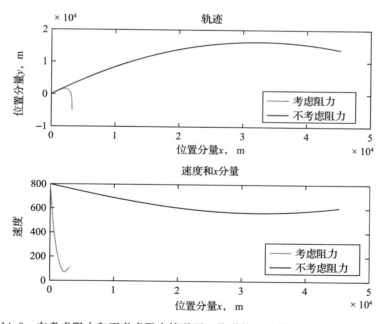

图 14.3 在考虑阻力和不考虑阻力情况下，炮弹轨迹及其速度与 x 位置的关系

最后，我们证明了使用数值方法的合理性⊖。用数值方法解决这个问题的缺点是不能

⊖ 你可能已经注意到，只要有可能，我们就会提供解析解，将它用作数值解的测试用例。

像用解析解那样方便地验证计算结果。然而，我们仍然可以做一些验证，因为我们知道阻力会使炮弹减速，所以它运行的距离应该更短。实际上，从图 14.3 中可以看出，受阻力影响的炮弹飞行距离仅为 3km 左右，而不受阻力影响的炮弹飞行距离可达 40km 以上。看一看受阻力影响的炮弹的轨迹，接近终点时，炮弹会直线下落，这是因为空气阻力将炮弹 x 方向的速度减小到 0，但是它仍然受重力影响，所以垂直方向的速度不为 0。再看一下速度图，一个合理的预测是炮弹飞行的速度会逐渐降低。那么为什么在轨迹的末端速度会增加呢？这是因为炮弹到达了最高点，在这一点之后势能会转化为动能，所以速度会增加。在不考虑阻力的运动中也可以观察到同样的效果。以上的完整性检查使我们可以得出结论：数值计算似乎是合理的。

14.7   自学

习题 14.1

这是一个钟摆模型。对钟摆运动问题进行数值求解（使用内置 ode45 求解器）：

$$\theta''(t) = -\frac{g}{L}\sin\theta$$

其中，g 表示重力加速度（g＝9.8m/s²）；$L=1$ 表示钟摆的长度；θ 表示钟摆与垂直方向的夹角。

假设初始角速度（β）为 0，即 $\beta(0)=\theta'(0)=0$；当钟摆初始偏转角度分别为 $\theta(0)=\frac{\pi}{10}$ 和 $\theta(0)=\frac{\pi}{3}$ 时，对钟摆运动情况求解（例如，画出 $\theta(t)$ 和 $\beta(t)$ 的曲线图）。两种解要在同一幅图上进行展示。起始时间和终止时间的间隔要足够长，至少包括 10 个周期。请证明钟摆周期取决于初始偏转角度。当初始偏转角度变大或变小时，钟摆摆动一次的时间会变长还是变短？

习题 14.2

按照 14.3.3 节中介绍的方法，编程实现四阶 Runge-Kutta 方法（RK4）。它应该与程序 14.1 中我们自制的欧拉方法输入一致。使用自己编写的 RK4 进行求解，并将结果与内置的 ode45 求解器进行比较。

离散傅里叶变换

本章讨论了连续函数和离散函数的傅里叶变换理论以及傅里叶变换的应用，介绍了 MATLAB 执行正向傅里叶变换和反向傅里叶变换的内置方法。

通常我们认为周围的过程是与时间相关的函数。把它们看作频率的函数常常很有用。例如，当我们听一个人演讲时，可以通过音调来区分演讲者，即利用声音频率加以区分。同样地，眼睛也会做类似的时频转换，因为我们可以分辨不同的光色，而颜色本身直接与光的频率有关。当选择收音机调频时，我们会选择一个特定的频率子集来收听时变的电磁波信号。甚至当我们谈论薪水时，只要知道它是每两周或每月发一次就可以了，也就是说，我们关心的是发工资的周期和频率。

从时域到频域的变换称为正向傅里叶变换[⊖]，相反，从频域到时域的变换称为反向傅里叶变换。这种变换是通用的，不仅适用于时间变量，还能广泛地应用于其他变量。例如，可以从空间坐标变换到空间坐标频率，这是 JPEG 图像压缩算法的基础。

傅里叶变换为许多滤波和压缩算法提供了基础，它也是分析噪声数据不可缺少的工具。利用周期振荡基，许多微分方程更容易求解。另外，在频域中计算两个函数的卷积积分，计算速度非常快，也很简单。

15.1 傅里叶级数

对于图 15.1 所示的周期函数，我们很自然地认为它可以由其他周期函数的和来构成。在傅里叶级数中，使用正弦和余弦函数作为基，它们显然都是周期函数。

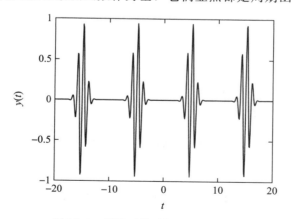

图 15.1 周期函数示例（周期为 10）

⊖ 正向傅里叶变换一词中的"正向"经常被省略。

对于可进行变换的函数，数学上更可靠的定义是：任何周期单值函数 $y(t)$ 都可以表示为傅里叶级数，只要它具有有限的间断点，并且 $\int_0^T |f(t)| \mathrm{d}t$（曲线下面积）是有限的。

傅里叶级数

$$y(t) = \frac{a_0}{2} + \sum_{n=1}^{\infty} (a_n\cos(n\omega_1 t) + b_n\sin(n\omega_1 t)) \tag{15.1}$$

其中，T 表示周期，即 $y(t) = y(t+T)$；$\omega_1 = \dfrac{2\pi}{T}$ 是基本角频率；常数 a_n 和 b_n 可以通过下式求解：

$$\begin{bmatrix} a_n \\ b_n \end{bmatrix} = \frac{2}{T}\int_0^T \begin{bmatrix} \cos(n\omega_1 t) \\ \sin(n\omega_1 t) \end{bmatrix} y(t)\,\mathrm{d}t \tag{15.2}$$

在不连续点，级数接近中点，即

$$y(t) = \lim_{\delta\to 0}\frac{y(t-\delta) + y(t+\delta)}{2} \tag{15.3}$$

注意，对于任何整数 n，$\sin\left(\dfrac{n2\pi}{Tt}\right)$ 和 $\cos\left(\dfrac{n2\pi}{Tt}\right)$ 都是周期为 T 的函数。

根据式(15.2)计算系数 a_n 和 b_n 称为正向傅里叶变换，通过级数公式(15.1)构造 $y(t)$ 称为反向傅里叶变换。

变换的有效性可以用以下关系来表示：

$$\frac{2}{T}\int_0^T \sin(n\omega_1 t)\cos(m\omega_1 t)\,\mathrm{d}t = 0, \quad \text{对于任意整数 } n \text{ 和 } m \tag{15.4}$$

$$\frac{2}{T}\int_0^T \sin(n\omega_1 t)\sin(m\omega_1 t)\,\mathrm{d}t = \delta_{nm} \tag{15.5}$$

$$\frac{2}{T}\int_0^T \cos(n\omega_1 t)\cos(m\omega_1 t)\,\mathrm{d}t = \begin{cases} 2, & n = m = 0 \\ \delta_{nm}, & \text{其他} \end{cases} \tag{15.6}$$

注意，根据式(15.2)，$\dfrac{a_0}{2}$ 可以通过下式计算：

$$\frac{1}{2}a_0 = \frac{1}{2}\frac{2}{T}\int_0^T \cos(0\omega_1 t)y(t)\,\mathrm{d}t = \frac{1}{T}\int_0^T y(t)\,\mathrm{d}t = \overline{y(t)} \tag{15.7}$$

因此，$\dfrac{a_0}{2}$ 有一个特殊的含义：它是函数在其周期内的平均值，即基线、直流偏移或偏差。

此外，a_n 系数属于余弦函数，因此它们负责函数去除偏移后的对称部分。因此，b_n 系数负责函数的不对称行为。

因为每个 a_n 或者 b_n 系数对应于频率为 $n\omega_1$ 的振荡函数，当系数 a 和 b 的集合用来表示与频率的依赖关系时通常称为**频谱**（spectrum）。

15.1.1 示例：$|t|$ 的傅里叶级数

我们来求下面周期函数的傅里叶级数表示：

$$y(t) = |t|, \quad -\pi < t < \pi$$

由于函数是对称的，因此可以确定所有的系数 $b_n = 0$。通过式(15.2)可得系数 a_n：

$$\begin{cases} a_0 = \pi \\ a_n = 0, & \text{当 } n \text{ 为偶数} \\ a_n = -\dfrac{4}{\pi n^2}, & \text{当 } n \text{ 为奇数} \end{cases}$$

它们的值如图 15.2 所示。可以看出，$a_0 = \pi$ 是 $(-\pi, \pi)$ 区间内函数 $|t|$ 均值的两倍。

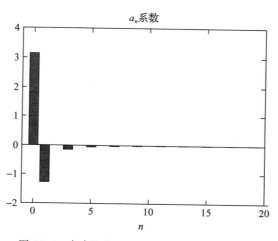

图 15.2 $|t|$ 的傅里叶变换的前 20 个 a_n 系数

从图 15.2 中可以看出，随着 n 的增大，a_n 系数会迅速减小，这意味着级数高阶项的贡献很快就会消失。因此，可以通过截断的傅里叶级数得到一个很好的 $|t|$ 的近似值，如图 15.3 所示。

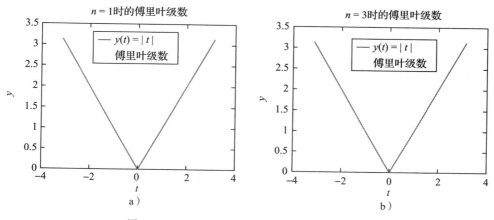

图 15.3 通过截断傅里叶级数来逼近 $|t|$ 函数

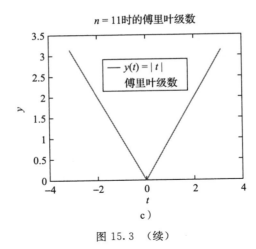

图 15.3 （续）

这一发现为信息压缩提供了基础。只要知道傅里叶变换的前 11 个系数（其中一半系数为 0）就足够了，这样就可以在所有可能的时间里，以最小的偏差来重构函数。如果需要更高的精度，可以增加傅里叶级数系数的数目。

15.1.2 示例：阶跃函数的傅里叶级数

阶跃函数的定义如下，我们来求它的傅里叶级数。

$$\begin{cases} 0, & -\pi < x < 0 \\ 1, & 0 < x < \pi \end{cases}$$

该阶跃函数是相对其均值 $\frac{1}{2}$ 的非对称函数，因此除了 $a_0 = 1$ 之外，所有的系数 a_n 都为 0。系数 b_n 为：

$$\begin{cases} b_n = 0, & \text{当 } n \text{ 为偶数} \\ b_n = \dfrac{2}{\pi n}, & \text{当 } n \text{ 为奇数} \end{cases}$$

系数 b_n 的值如图 15.4 所示。

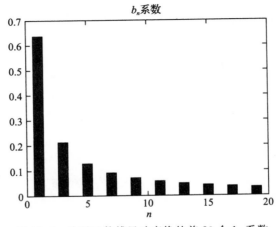

图 15.4 阶跃函数傅里叶变换的前 20 个 b_n 系数

b_n 系数以与 n 成反比的速率减小，因此，我们希望在截断傅里叶级数的情况下仍然能得到阶跃函数良好的近似值。截断结果如图 15.5 所示。系数下降的速度没有前一个例子中那么快，因此需要更多的傅里叶级数项来得到更好的近似。你可能会注意到，在不连续点 $t=-\pi$，0，π 处的值，如 15.1 节中所述，可以通过左右临近点均值的极限得到。你可能还会注意到在不连续点附近有一个奇怪的过冲（类似响铃的行为）。你可能认为这是傅里叶级数只有少量展开项的结果，但是如果增加展开项的数目，它不会消失，这就是**吉布斯现象**（Gibbs phenomenon）。然而，使用非常少的系数，我们有一个很好的函数近似值。

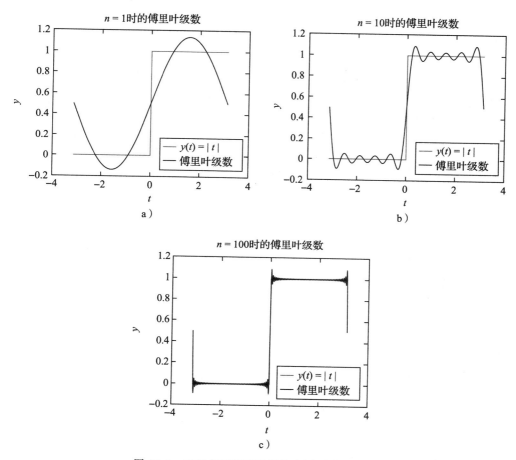

图 15.5　通过截断傅里叶级数来逼近阶跃函数

15.1.3　复数的傅里叶级数表示

回想一下复数的表示：

$$\exp(i\omega t)=\cos(\omega t)+i\sin(\omega t)$$

可以看出，我们可以用更紧凑和对称的表示法来重写式（15.1）和式（15.2），而不需要用 $\frac{1}{2}$ 来表示零系数。

复数傅里叶级数

$$y(t) = \sum_{n=-\infty}^{\infty} c_n \exp(in\omega_1 t) \tag{15.8}$$

$$c_n = \frac{1}{T} \int_0^T y(t) \exp(-i\omega_1 nt)\,dt \tag{15.9}$$

c_0 具有特殊的含义，表示函数在整个周期上的均值、偏差或偏移量。

系数 a_n、b_n、c_n 之间存在以下联系：

$$a_n = c_n + c_{-n} \tag{15.10}$$

$$b_n = i(c_n - c_{-n}) \tag{15.11}$$

你可能会有疑问：c_{-n} 表示的负的频率成分是什么？这看起来不符合物理实际。无须担心，由于 $\cos(-\omega t) = \cos(\omega t)$ 和 $\sin(-\omega t) = -\sin(\omega t)$，也就是说，它只是将对应正弦函数系数的符号反转而已。这样做是为了使正向变换和反向变换看起来相似。

15.1.4   非周期函数

如果函数不是周期性的，该怎么办？我们可以假设它是周期性的，只是周期间隔非常大，也就是 $T \to \infty$。在这样的假设下，我们的离散变换变成了连续变换，即 $c_n \to c_\omega$。在这种情况下，可以用积分来近似式 (15.8) 和式 (15.9) 中的和 ⊖。

连续傅里叶变换

$$y(t) = \frac{1}{\sqrt{2\pi}} \int_{-\infty}^{\infty} c_\omega \exp(i\omega t)\,d\omega \tag{15.12}$$

$$c_\omega = \frac{1}{\sqrt{2\pi}} \int_{-\infty}^{\infty} y(t) \exp(-i\omega t)\,dt \tag{15.13}$$

式 (15.12) 和式 (15.13) 要求 $\int_{-\infty}^{\infty} y(t)\,dt$ 存在，并且是有限的。

注意，这里对归一化系数 $\dfrac{1}{\sqrt{2\pi}}$ 的选择有一点武断。在有些文献中，傅里叶正向变换的整体系数为 1，反向变换的系数为 $\dfrac{1}{2\pi}$。有些文献中也有相反的情况。物理学家更喜欢用式 (15.12) 和式 (15.13) 中所示的对称形式。

15.2   离散傅里叶变换

我们对先前内容的探讨只是学术上的。在现实生活中，我们无法计算无穷级数，因为它需要无限长的时间。同样地，我们无法计算正向傅里叶变换的精确积分，因为这需要知道每一点的 $y(t)$，这就需要大量的数据来进行计算。你可能会说，我们在第 9 章讨论了很

⊖　这里，我们的做法与 9.2 节中讨论的矩形积分方法相反。

好的积分近似计算方法，但是那样我们会自动地把自己限制在另一个圈套里，即在有限的时间点集合中测量 $y(t)$ 函数。在这种情况下，我们不需要无限和，只要有 N 个傅里叶变换系数就足以重建 $y(t)$ 的 N 个点。

假设函数 $y(t)$ 的周期为 T，取 N 个等间隔点，各点之间的间距为 $\Delta t = \dfrac{T}{N}$，如图 15.6 所示。周期性条件要求：

$$y(t_{k+N}) = y(t_k) \tag{15.14}$$

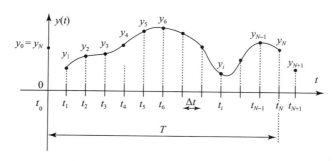

图 15.6　周期为 T 的信号 $y(t)$ 离散采样示例

记 $t_k = \Delta t \times k$，$y_k = y(t_k)$，离散傅里叶变换（DFT）可以定义为（参见文献[9]）：

$$y_k = \frac{1}{N} \sum_{n=0}^{N-1} c_n \exp\left(i\,\frac{2\pi(k-1)n}{N}\right), \quad k = 1, 2, 3, \cdots, N \tag{15.15}$$

$$c_n = \sum_{k=1}^{N} y_k \exp\left(-i\,\frac{2\pi(k-1)n}{N}\right), \quad n = 0, 1, 2, \cdots, N-1 \tag{15.16}$$

注意，式（15.15）和式（15.16）中根本没有时间信息！严格地说，DFT 将一个周期点集与另一个周期点集唯一地联系起来。当我们需要决定特定系数 c_n：$f_1 \times n$ 对应的频率时，间距的概念是必需的，其中 $f_1 = \dfrac{T}{N}$ 是两个相邻 c 系数之间的频谱间距 Δf（如图 15.7 所示）。f_1 的另一个含义是**分辨率带宽**（RBW），也就是说，我们不能分辨出间隔小于 RBW 的两个频率。$f_s = \dfrac{1}{\Delta t}$ 称为**采样频率**（sampling frequency）或**采集频率**（acquisition frequency）。奈奎斯特频率 $f_{Nq} = \dfrac{f_s}{2} = \dfrac{f_1 N}{2}$ 具有非常重要的含义，我们将在 16.1 节讨论。

注意，归一化系数 $\dfrac{1}{N}$ 的规范位置是式（15.15）所示的那样，而不是形如式（15.16）。根据这个定义，c_0 不再是函数的平均值，它是原来的 N 倍[⊖]。不幸的是，几乎每个数值库都以这种特殊的方式实现 DFT，MATLAB 也不例外。

⊖　这是数学家主导的事情，他们只处理数字，而不考虑数字表示的物理参数。

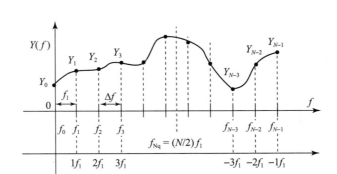

图 15.7   采样频谱：傅里叶变换系数与频率的关系，Y_k 和 c_k 相同

c_n 系数有几个性质，这些性质的证明留给读者作为练习。c 系数是周期性的：

$$c_{-n} = c_{N-n} \tag{15.17}$$

细心的读者会发现，系数 c_n 和 c_{-n} 负责同样的绝对频率 $f_1 \times n$。因此，频谱绘图范围经常是 $-\dfrac{Nf_1}{2} \sim \dfrac{Nf_1}{2}$。它还有一个优势：如果所有的 y_k 都没有虚部，那么：

$$c_{-n} = c_n^* \tag{15.18}$$

也就是说，它们具有相同的绝对值 $|c_{-n}| = |c_n| = |c_{N-n}|$。这又意味着实函数 $y(t)$ 频谱的绝对值是关于系数 0 或 $\dfrac{N}{2}$ 对称的。因此，频谱的最高频率是奈奎斯特频率（f_{Nq}），而不是 $(N-1) \times f_1$，如果 N 很大，则最高频率约等于 f_s。

15.3   MATLAB 的 DFT 实现及快速傅里叶变换

如果有人直接实现式(15.16)，每个 c_n 系数计算需要 N 次基本运算，因此全部变换需要 N^2 次运算，计算工作非常繁重。幸运的是，有一种叫作**快速傅里叶变换**（FFT）的算法，它的计算复杂度为 $O(N \log N)$[9]，因此大大加快了傅里叶变换的计算速度。

MATLAB 具有内置 FFT 函数：

- `fft(y)`：傅里叶正向变换。
- `ifft(c)`：傅里叶反向变换。

不幸的是，正如我们在 15.2 节中所讨论的，MATLAB 对 FFT 的处理方式与式(15.16)中定义的方法相同，即它没有被 N 归一化。所以如果改变点的数量，同样频谱分量的强度会不同，物理意义上并不是这样的。要得到归一化的傅里叶级数系数（c_n），需要计算 $\dfrac{\text{fft(y)}}{N}$。然而，相反过程的归一化却保持不变，即 `y=ifft(fft(y))`。

MATLAB 从 1 开始索引数组。数组的正向傅里叶变换系数 `c=fft(y)` 对应的 c_n 系数要移动一位，即 $c(n)=c_{n-1}$。

15.4　傅里叶变换的简化符号

正向傅里叶变换通常记作 $\mathcal{F}$，正变换的系数记作 $Y = (Y_0，Y_1，Y_2，\cdots，Y_{N-1}) = (c_0，c_1，c_2，\cdots，c_{N-1})$。在这种表示中，我们使用系数 Y_n 代替 c_n。因此，时域信号 $y(t_k)$ 的频谱为：

$$Y = \mathcal{F}y \tag{15.19}$$

反向傅里叶变换记为 $\mathcal{F}^{-1}$：

$$y = \mathcal{F}^{-1}Y \tag{15.20}$$

15.5　DFT 示例

让我们考虑一个非常简单的例子，它将帮助我们把前面的知识整合起来。对以下函数进行采样并计算 DFT：

$$y(t) = D + A_{\text{one}}\cos(2\pi f_{\text{one}}t) + A_{\text{two}}\cos\left(2\pi f_{\text{two}}t + \frac{\pi}{4}\right) \tag{15.21}$$

其中，$D = -0.1$，是函数相对于 0 的位置、偏移或偏差；$A_{\text{one}} = 0.7$，是频率为 $f_{\text{one}} = 10\,\text{Hz}$ 的余弦分量的振幅；$A_{\text{two}} = 0.2$，是频率为 $f_{\text{two}} = 30\,\text{Hz}$、平移 $\frac{\pi}{4}$ 余弦分量的振幅。

第 16 章中将会详细解释采样频率的选择，这里我们选择采样频率 $f_s = 4f_{\text{two}}$。运行以下代码，为满足式(15.21)的时间数据集准备样本 y_k，并计算相应的 DFT 分量 Yn=fft(y)。

程序 15.1　two_cos.m（可从 http://physics.wm.edu/programming_with_MATLAB_book/./ch_dft/code/two_cos.m获得）

```
%% time dependence governing parameters
Displacement=-0.1;
f_one=10; A_one=.7;
f_two=30; A_two=.2;
f= @(t) Displacement + A_one*cos(2*pi*f_one*t) + A_two*cos
   (2*pi*f_two*t+pi/4);

%% time parameters
t_start=0;
T = 5/f_one; % should be longer than the slowest
   component period
t_end = t_start + T;

% sampling frequency should be more than twice faster than
   the fastest component
f_s = f_two*4;
dt = 1/f_s; % spacing between sample points times
N=T/dt; % total number of sample points

t=linspace(t_start+dt,t_end, N); % sampling times
y=f(t); % function values in the sampled time

%% DFT via the Fast Fourier Transform algorithm
Y=fft(y);
Y_normalized = Y/N; % number of samples independent
   normalization
```

先画出 $y_k = y(t_k)$的时域样本及其依赖的方程(15.21)。

程序 15.2　plot_two_cos_time_domain.m(可从 http://physics.wm.edu/programming_ with_MATLAB_book/./ch_dft/code/plot_two_cos_time_domain.m获得)

```
two_cos;
%% this will be used to provide the guide for the user
t_envelope=linspace(t_start, t_end, 10*N);
y_envelope=f(t_envelope);
plot( t_envelope, y_envelope, 'k-', t, y, 'bo' );
fontSize=FontSizeSet; set(gca,'FontSize', fontSize );
xlabel('Time, S');
ylabel('y(t) and y(t_k)');
legend('y(t)', 'y(t_k)');
```

结果如图 15.8 所示,可以看到 $y(t)$的 5 个周期的图形,由于它们是两个余弦组合,函数图形已经不再像 sin 或 cos 函数了。注意,$y(t)$图形显示只是为了视觉效果。DFT 算法不会访问 60 个采样点之外的数据。

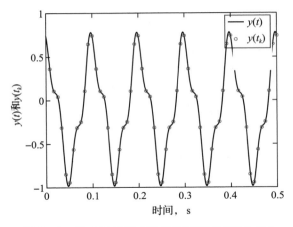

图 15.8　60 个时域样本及其依赖的方程(15.21)

现在画出由 fft(y)计算的$|Y_n|$,如程序 15.3 所示。

程序 15.3　plot_two_cos_fft_domain.m(可从 http://physics.wm.edu/programming_ with_MATLAB_book/./ch_dft/code/ plot_two_cos_fft_domain.m获得)

```
two_cos;

n=(1:N) - 1; % shifting n from MATLAB to the DFT notation

plot( n, abs(Y_normalized), 'bo' );
fontSize=FontSizeSet; set(gca,'FontSize', fontSize );
xlabel('Index n');
ylabel('|Y_n| / N');
```

结果显示在图 15.9a 中。注意,我们通过数据点数 $N=60$ 归一化 DFT 的结果。这让我们看到了傅里叶变换系数的本质，回忆 15.2 节中使用 N 进行 Y_0 系数归一化的定义，它对应于函数的均值或位移，本例中式(15.21)对应的归一化系数 Y_0 为 -0.1。我们可能想知道，只有两个不同频率的余弦函数，为什么会有 4 个非零系数？这是由于 DFT 的反射性质引起的，也就是说，Y_{-n} 和 Y_{N-n} 对应于相同的频率。绘图表示频谱会更好，即绘制 Y_n 相对频率的图形，可以通过以下程序完成：

程序 15.4　plot_two_cos_freq_domain.m(可从 http://physics.wm.edu/programming_with_MATLAB_book/./ch_dft/code/plot_two_cos_freq_domain.m 获得)

```
two_cos;

freq = fourier_frequencies(f_s, N); % Y(i) has frequency
    freq(i)

plot( freq, abs(Y_normalized), 'bo' );
fontSize=FontSizeSet; set(gca,'FontSize', fontSize );
xlabel('f_n, Hz');
ylabel('|Y(f_n)| / N');
```

频谱 Y_n 与频率的关系可以使用程序 15.5 中的辅助函数完成。

程序 15.5　fourier_frequencies.m(可从 http://physics.wm.edu/programming_with_MATLAB_book/./ch_dft/code/fourier_frequencies.m 获得)

```
function spectrum_freq=fourier_frequencies(SampleRate, N)
        %% return column vector of positive and negative
            frequencies for DFT
        % SampleRate - acquisition rate in Hz
        % N - number of data points

        f1=SampleRate/N; % spacing or RBW frequency

        % assignment of frequency,
        % recall that spectrum_freq(1) is zero frequency,
            i.e. DC component
        spectrum_freq=(((1:N)-1)*f1).';  % column vector

        NyquistFreq= (N/2)*f1; % index of Nyquist
            frequency i.e. reflection point

        %let's take reflection into account
        spectrum_freq(spectrum_freq>NyquistFreq) =-N*f1+
            spectrum_freq(spectrum_freq>NyquistFreq);
    end
```

现在，在图 15.9b 中显示了标准频谱。注意，频谱 Y_n 的绝对值是完全对称的，也就是说，正如式(15.18)所预测的那样，它关于 $f=0$ 镜像对称。现在，我们看到频谱在 10Hz 和 30Hz 处两个强的频率分量。这完全与式(15.21)中 $f_{one}=10\,Hz$，$f_{two}=30\,Hz$ 一致。再来检查两个分量的值：$Y(10)\,Hz=0.35$，正好是 $A_{one}=0.70$ 的一半，另一个频率分

量 $Y(30\mathrm{Hz})=0.1$ 的情况也与之类似。这是由于式(15.10)和式(15.11)以及 $y(t)$ 都没有虚部。请记住，本例中 Y_n 本身也可能是复数。

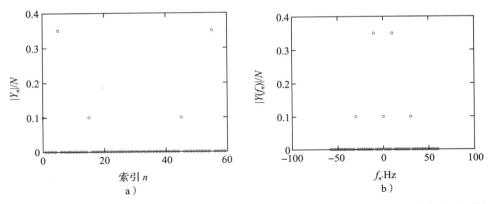

图 15.9　图 15.8 中所示时间样本的归一化 DFT 系数。图 15.9a 显示的是系数值与索引(从 0 开始)的关系；图 15.9b 显示的是傅里叶频谱(DFT 变换系数)与对应频率的关系

15.6　自学

习题 15.1

看一下 N 点正向 DFT 的具体实现，它省略了归一化系数：

$$C_n = \sum_{k=1}^{N} y_k \exp\left(-\frac{i2\pi(k-1)n}{N}\right)$$

分析证明正向离散傅里叶变换是周期性的，即 $c_{n+N}=c_n$。注意，$\exp(\pm i2\pi)=1$。

这是否也能证明 $c_{-n}=c_{N-n}$？

习题 15.2

使用前一个问题关系的证明，说明任何只包含实数的样本集(没有复数部分)都具有以下关系：

$$c_n = c_{N-n}^*$$

其中，"$*$"表示复数共轭。

习题 15.3

加载数据文件 data_for_dft.dat $^{\ominus}$，该文件是包含 y 和 t 的数据表(第一列为时间，第二列为 y)。这些数据点的采样率相同。

(1) 数据的抽样率是多少？

(2) 使用 MATLAB 内置命令计算数据的正向 DFT，求出频谱中最大的两个频率成分(单位是 Hz 而不是 rad^{-1})。注意，这里指的是 sin 或者 cos 分量的实数频率，也就是说，只有正频率。

(3) 数据集中我们可以科学讨论的最大频率(单位为 Hz)是多少？

(4) 数据集中我们可以科学讨论的最低频率(单位为 Hz)是多少？

数字滤波器

本章重点讨论离散傅里叶变换在数字滤波中的应用。我们讨论了连续信号采集或数字化的奈奎斯特准则，给出了一些简单数字滤波器的例子，并讨论了数字滤波过程中产生的伪影。

数字傅里叶变换的主要应用之一是数字滤波，即去除不想要的频率分量或增加所需的频率分量。我们都见过音乐播放器中的均衡器，它就是一种数字滤波器，允许我们根据声谱的中频和高频成分（高音）来调整低频成分（低音）的响度。过去是通过模拟电子元件滤波器来实现，但是现在，随着微控制器的普及，通常采用 DFT 来进行数字滤波。

16.1 奈奎斯特频率和最小采样率

在对数据滤波之前，先要采集数据，主要的问题是确定数据采集的采样率$\left(f_s = \dfrac{1}{\Delta t} \right)$。

回想一下 15.2 节讨论的内容，我们说过 DFT 频谱的最高可观测频率约等于$\dfrac{f_s}{2}$。因此可以得出以下采样准则：

Nyquist-Shannon 采样准则

如果信号的最高频率为$f_{\max}$，那么我们需要的采样频率如下：

$$f_s > 2f_{\max} \tag{16.1}$$

注意是大于的关系。

Nyquist-Shannon 采样准则经常以相反的形式使用：人们无法从信号中获得比奈奎斯特频率$f_{\mathrm{Nq}} = \dfrac{f_s}{2}$更高的频率。

这个准则不是很有建设性。我们怎么知道信号的最高频率是多少？有时我们从仪器的物理极限得到最高频率。如果不知道信号的最高频率，就需要以某个采样频率来采样。如果在频谱的高频端信号分量强度降为 0，那么我们的采样速度就足够快，此时甚至可以尝试降低采样频率。否则，就是欠采样，必须增加采样频率，直到看到频谱的高端逐渐变小。

> **智慧之言**
>
> 数据采集重要的部分是采样频率的选择。使用错误采样频率采集的信号，再多的后处理也无法恢复。

欠采样和混叠

本节将通过示例看一下欠采样信号是什么样的，还将对如下方程描述的信号进行采样：

$$y(t) = \sin(2\pi 10 t) \qquad (16.2)$$

这是一个正弦信号，频率为 $f_{signal} = 10\,\mathrm{Hz}$。

首先，用 $f_s = 2f_{signal}$ 对信号采样。正如在图 16.1 中所看到的，采样点显示为一条直线，尽管它依赖的信号很明显是正弦。我们显然使用了错误的采样频率。这个例子强调了式(16.1)中的大于关系。注意，连接采样点的直线只是为了引导视线，DFT 并不知道采样点之间的信号值。

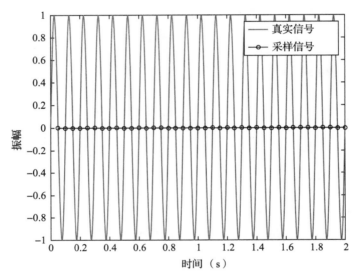

图 16.1　式(16.2)描述的信号(实线标记)和以 $f_s = 2f_{signal}$ 采集的欠采样信号
　　　　(圆圈直线标记)

在下面的例子中，使用 $f_s = 1.1f_{signal}$ 进行采样，即采样频率不满足 Nyquist-Shannon 准则。正如在图 16.2 中所看到的，采样信号没有再现其依赖的信号。而且，欠采样信号看起来像一个较低频率的信号。这种现象称为"混叠"或"鬼影"。混叠是由于 DFT 频谱的周期性引起的，高频部分要存在 c_M 分量，其中 $M > N$。但是，我们记得 $C_{-n} = C_{N-n}$(见式(15.17))。因此，有 $c_M = c_m$，其中 $m = M - N \times l$，l 是一个整数。换句话说，如果信号欠采样，即采样频率不满足 16.1 节中的采样准则，信号的高频分量表现为低频分量。因此，在欠采样的频谱中，可以看到假的频率分量：

$$f_{ghost} = \left| f_{signal} - l \times f_s \right| \qquad (16.3)$$

对于图 16.2 所示的情况，我们看到了频率为 $f_{ghost} = 0.1\,\mathrm{Hz}$ 的信号或周期为 1s 的信号⊖。

⊖　如果你使用的是数字示波器，要注意混叠现象。如果选择了错误的采样率，将会看到不存在的信号。

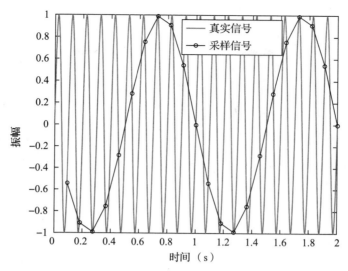

图 16.2 式(16.2)描述的信号(实线标记)和以 $f_s = 1.1 f_{\text{signal}}$ 采集的欠采样信号(圆圈和直线标记)

在某些情况下，混叠会产生看起来更奇怪的采样信号，而这些信号根本不像其依赖的基本信号。图 16.3 就演示了这种情况，其中 $f_s = 1.93 f_{\text{signal}}$。

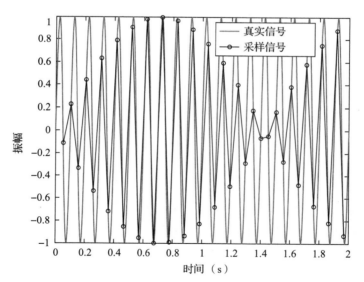

图 16.3 式(16.2)描述的信号(实线标记)和以 $f_s = 1.93 f_{\text{signal}}$ 采集的欠采样信号(圆圈和直线标记)

智慧之言

如果不能以足够快的频率采样，可以构建一个低通电子滤波器，去除大于 $\dfrac{f_s}{2}$ 的高频成分，否则，数字信号就会被混叠信号污染。

16.2　DFT 滤波器

严格地说，上一节关于采样频率重要性的内容超出了本书的讨论范围，它属于数据采集和仪器科学关心的领域。尽管如此，在开始分析数据之前，对数据进行完整性检查并查看可能出错的地方仍是一个好主意。

现在，假设有人提供了数据，我们需要处理已经收到的数据。正如在本章开始所讨论的，数字滤波器的工作就是以某种方式修改信号的频谱，即提升或抑制信号的某些频率，然后再重构滤波信号。

数字滤波的过程如下：

- 计算信号的 DFT（使用 MATLAB 命令 fft）。
- 查看频谱并决定修改哪些频率。
- 采用滤波器来调整感兴趣频率的幅度。
- 对于实数域的信号：如果想将频率分量 f 减少 g_f，需要在分量的 $-f$ 处减少 g_f^*，否则，使用反傅里叶变换重构信号时，会得到一个非零的虚部。
- 计算滤波频谱的逆 DFT（使用 MATLAB 命令 ifft）。
- 如果有必要，重复以上步骤。

数字滤波的数学表示

$$y_{\text{filtered}}(t) = \mathcal{F}^{-1}\big[\mathcal{F}(y(t)) \times G(f)\big] = \mathcal{F}^{-1}\big[Y(f) \times G(f)\big] \tag{16.4}$$

其中：

$$G(f) = \frac{Y_{\text{filtered}}(f)}{Y(f)} \tag{16.5}$$

$G(f)$ 为频率相关增益函数[⊖]，决定了改变相应频谱分量的大小。

式(16.4)看起来很复杂，但是在 16.2.1 节中将看到，其实滤波非常简单。同时，我们将学习一些标准的滤波器和它们的描述。

16.2.1　低通滤波器

在下面的例子中，将使用以下信号：

$$y(t) = 10\sin(2\pi f_1 t) + 2\sin(2\pi f_2 t) + 1\sin(2\pi f_3 t) \tag{16.6}$$

其中，$f_1 = 0.02\text{Hz}$，是低频分量；$f_2 = 10f_1\,\text{Hz}$；$f_3 = 0.9\text{Hz}$，是高频分量。

这个信号形状如图 16.4a 所示。信号在 100s 区间内的采样频率为 $f_s = 2\text{Hz}$，其频谱如图 16.4b 所示。正如所料，它由 3 个强频率分量组成，分别对应于 f_1、f_2 和 f_3。

⊖　尽管名字如此，但往往也有其他名称。

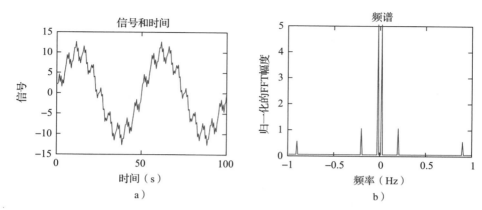

图 16.4 图 16.4a 所示为式(16.6)描述的信号, 图 16.4b 所示为信号的频谱

低通滤波器能很好地抑制或衰减频谱中的高频分量, 同时保持低频分量基本不变。我们特别关注由如下增益方程描述的**矩形低通滤波器**(brick wall low-pass filter):

$$G(f) = \begin{cases} 1, & |f| \leqslant f_{cutoff} \\ 0, & |f| > f_{cutoff} \end{cases} \tag{16.7}$$

增益函数通常是复数, 因此它经常用伯德图来表示, 一般在图的上半部分绘制增益的绝对值(幅值)与频率的关系, 在图的下半部分绘制增益的复角(相位)与频率的关系。这个过滤器, 如图 16.5a 所示。"矩形"(brick wall)这个名称来自于滤波器增益在截止频率 f_{cutoff} 附近的非常剧烈的跃迁, 本例中 f_{cutoff} 等于 0.24 Hz。

我们使用如下代码得到滤波信号 y:

```
freq=fourier_frequencies(SampleRate, N);
G=ones(N,1); G( abs(freq) > Fcutoff, 1)= 0;
y_filtered = ifft( fft( y ) .* G )
```

正如所见, 这非常简单。前面代码的第二行计算和分配滤波器强度, 在最后一行执行滤波器滤波。不可或缺的函数 `fourier_frequencies` 将 DFT 频谱的特定索引与其频率联系起来(在 15.5 节程序 15.5 中进行了讨论)。

未滤波的频谱如图 16.5b 所示。正如预期的那样, 现在频率为 f_3 的频谱成分为 0, 因为它位于截止频率之外。现在信号频谱中只包含 f_1 和 f_2。因此, 滤波后的信号没有高频成分(f_3), 如图 16.5c 所示。滤波后的信号要平滑得多, 即失去了高频分量, 因此, 低通滤波器的应用有时称为平滑或去噪$^{\ominus}$。

16.2.2 高通滤波器

高通滤波器与低通滤波器正好相反, 即它要减少信号的低频分量, 使其高频分量保持完整。例如, 矩形高通滤波器可以用以下公式描述:

$\ominus$ "去噪"(denoising)一词用于此处, 实际上有点用词不当, 因为有用的信号也可能位于高频位置。

$$G(f) = \begin{cases} 0, & |f| \leqslant f_{\text{cutoff}} \\ 1, & |f| > f_{\text{cutoff}} \end{cases} \tag{16.8}$$

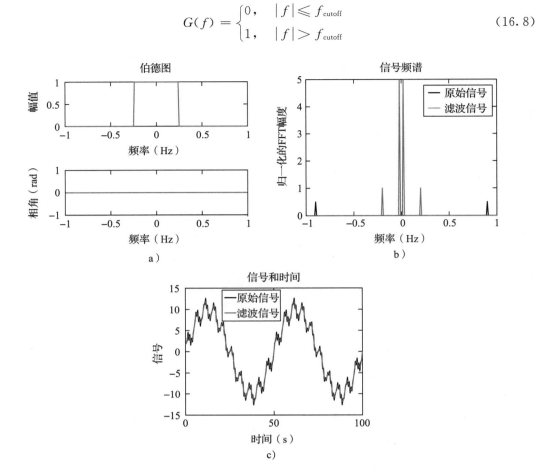

图 16.5　矩形低通滤波器伯德图、滤波和未滤波的频谱及滤波信号和原始信号的比较

矩形高通滤波器的伯德图如图 16.6a 所示，其 MATLAB 实现代码如下：

```
freq=fourier_frequencies(SampleRate, N);
G=ones(N,1); G( abs(freq) < Fcutoff, 1)= 0;
y_filtered = ifft( fft( y ) .* G )
```

如图 16.6b 所示，滤波后的频谱缺少了低频分量 f_1。由图 16.6c 可以看出，高通滤波器从原始信号中去除了低频包络线。

16.2.3　带通和带阻滤波器

带通滤波器（band-pass filter）只允许特定中央频率（f_c）附近某一带宽（f_{bw}）内的频率分量通过，而其他的频率分量大大减弱。例如，矩形带通滤波器的描述公式如下：

$$G(f) = \begin{cases} 1, & ||f| - f_c| \leqslant \dfrac{f_{\text{bw}}}{2} \\ 0, & ||f| - f_c| > \dfrac{f_{\text{bw}}}{2} \end{cases} \tag{16.9}$$

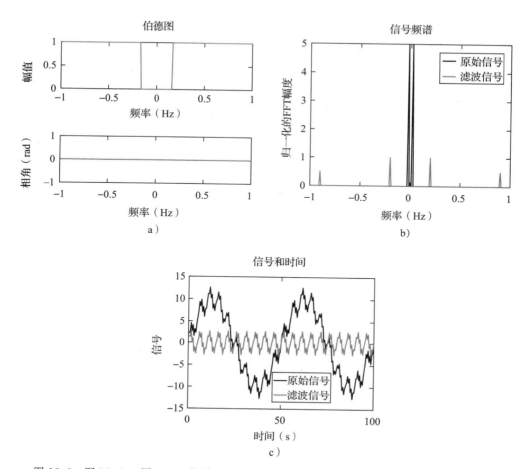

图 16.6　图 16.6a～图 16.6c 分别为矩形高通滤波器伯德图、未滤波的频谱、滤波信号
　　　　　和原始信号的比较

矩形带通滤波器的 MATLAB 实现代码如下：

```
freq=fourier_frequencies(SampleRate, N);
G=ones(N,1); G( abs(abs(freq)-Fcenter) > BW/2, 1)=0;
y_filtered = ifft( fft( y ) .* G )
```

带阻（band-stop）或**带切**（band-cut）滤波器与带通滤波器正好相反。矩形带阻滤波器的
描述公式如下：

$$G(f) = \begin{cases} 0, & ||f| - f_c| \leqslant \dfrac{f_{bw}}{2} \\ 1, & ||f| - f_c| > \dfrac{f_{bw}}{2} \end{cases} \tag{16.10}$$

矩形带阻滤波器的 MATLAB 实现代码如下：

```
freq=fourier_frequencies(SampleRate, N);
G=zeros(N,1); G( abs(abs(freq)-Fcenter) > BW/2, 1)=1;
y_filtered = ifft( fft( y ) .* G )
```

$f_c = f_2 = 0.2\,\mathrm{Hz}$，$f_{bw} = 0.08\,\mathrm{Hz}$ 的带阻滤波器的伯德图如图 16.7a 所示。这个带阻滤

波器将从信号频谱中去除 f_2 分量，如图 16.7b 所示。滤波后的信号看起来像频率为 f_1 的低频信号包络线，上面再叠加频率为 f_3 的噪音信号，如图 16.7c 所示。

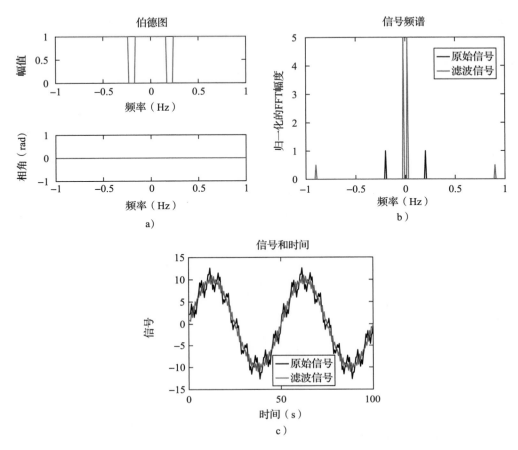

图 16.7   图 16.7a～图 16.7c 分别为矩形带阻滤波器的伯德图、未滤波的频谱、滤波信号和原始信号的比较

16.3   滤波器的伪影

矩形滤波器能便捷地实现是有代价的，它经常产生原始信号中不存在的环形伪影。

让我们看一下图 16.8a 和图 16.8b 分别给出的信号及其频谱。当使用 $f_{cutoff} = 0.24\,\mathrm{Hz}$ 的矩形低通滤波器时，其伯德图如图 16.9a 所示，我们得到的滤波频谱如图 16.9b 所示。在 $0.24\,\mathrm{Hz}$ 处的显著不连续对滤波信号产生一个大的环降扰动，如图 16.9c 所示。避免这种情况的最简单方法是使用频谱中没有间断的滤波器。比如可以根据如下方程构造平滑的低通增益函数：

$$G(f) = \left| \frac{1}{1 + i\left(\dfrac{f}{f_{cutoff}}\right)} \right| \tag{16.11}$$

该增益函数的伯德图如图 16.10a 所示。

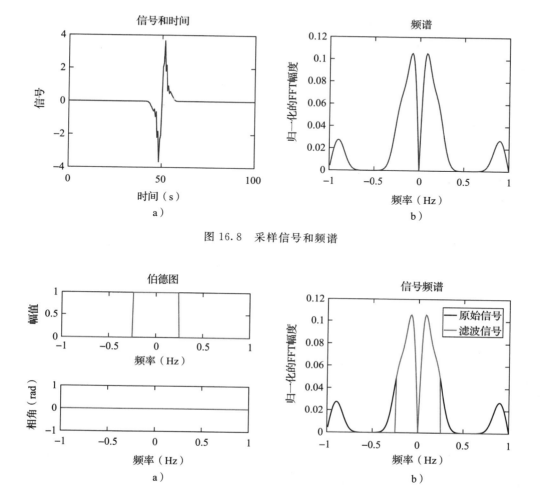

图 16.8　采样信号和频谱

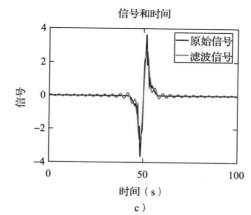

图 16.9　图 16.9a～图 16.9c 分别为矩形低通滤波器伯德图、滤波和未滤波的频谱对比、滤波
　　　　　信号和原始信号对比

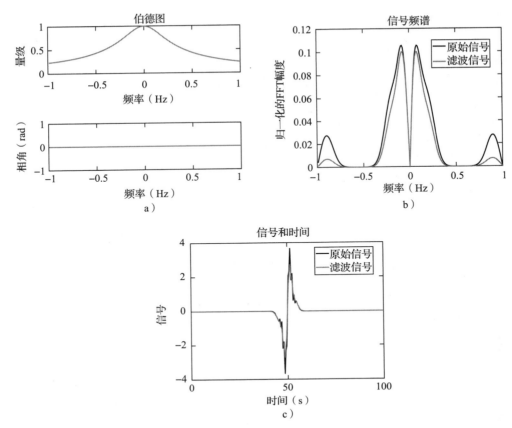

图 16.10　图 16.10a～图 16.10c 分别为平滑低通滤波器的伯德图、滤波和未滤波的频谱对比、
　　　　　滤波信号和原始信号对比

　　这种平滑滤波器比矩形滤波器弱。因此，信号的高频成分没有像矩形滤波器那样强烈
抑制（见图 16.10b）。然而，我们在没有造成伪影的情况下，成功地从原始信号中除去了
高频成分（见图 16.10c）。

16.4　窗口效应

　　时域不连续会在 DFT 频谱中产生伪频率分量。这种不连续点通常位于采集周期的开
始和结束阶段，因为两个时期通常是任意选择的。

　　例如，即使我们对纯余弦信号进行采样，获得的信号两端可能不匹配，如图 16.11a 所
示。我们期望得到与余弦信号匹配的单频频谱，但是采样不连续会产生并不存在的频率分量，
如图 16.11b 所示。例如，频率为 0.045Hz 的余弦信号中能看到超过 0.5Hz 的非零频谱分量。

　　为了避免这种情况，通常采用某种类型的窗口函数（$w(t)$)，然后通过 $y(t) \times w(t)$ 计算
DFT。有许多窗口函数$^{\ominus}$，但它们都有一个共同的性质：在信号采集的开始和结束阶段都渐

　　$\ominus$　一些最受欢迎的窗口函数是 Hamming、Tukey、Cosine、Lanczos、Triangulars、Gaussians、Bartlett-
　　　Hann、Blackmans 和 Kaisers。

进地趋近于 0，这样能够消除两端的不连续性。例如，Hann 窗口系数可以由下式给出：

$$\omega_n = \frac{1}{2}\left[1 - \cos\left(2\pi\,\frac{n-1}{N-1}\right)\right] \tag{16.12}$$

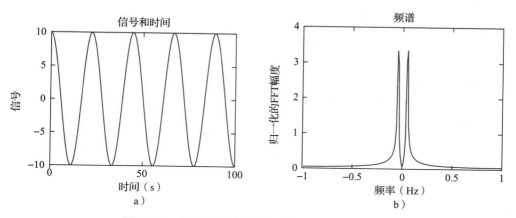

图 16.11　与时间不匹配的余弦信号及其 DFT 频谱

应用 Hann 窗口后的余弦信号如图 16.12a 所示。得到的 DFT 频谱形状与原始余弦的单频谱更匹配，如图 16.12b 所示。

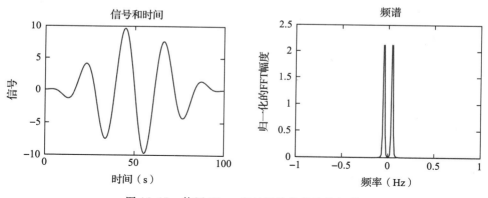

图 16.12　使用 Hann 窗口后的信号及其频谱

我们通过 fft(y.*w) 计算频谱，即修改后函数的频谱，所以 DFT 的频谱强度和形状与原始信号不完全匹配。尽管如此，窗口函数常常极大地提高频谱的保真度，尽管它通常会降低频谱的**分辨率带宽**（RBW），即 $\frac{1}{T_{\text{window}}} < T_{\text{acq}}$，这里，$T_{\text{window}}$ 是窗口函数较大的特征时间，T_{acq} 是完整的采集时间。

16.5　自学

习题 16.1

下载 wave 文件 voice_record_with_a_tone.wav [⊖]，这是一个音频文件。如果播放该文件，你会听到

⊖　文件下载地址：http://physics.wm.edu/programming_with_MATLAB_book/./ch_functions_and_scripts/
data/voice_record_with_a_tone.wav。

一个非常响的单频音调，这掩盖了所录制的声音。使用适当的带阻滤波器来提取被掩盖的消息。消息的内容是什么？

请使用以下命令获得音频数据。我们假设音频文件存放在 MATLAB 的当前文件夹中。

```
[ydata, SampleRate]=audioread('voice_record_with_a_tone.
    wav', 'double');
% the following is needed if you want to save the filtered
    signal
info=audioinfo('voice_record_with_a_tone.wav');
NbitsPerSample=info.BitsPerSample;
```

执行此代码后，变量 ydata 将保存音频信号的振幅，采样率与存储在变量 SampleRate 中的频率相等。注意，ydata 的列对应于音频的通道，因此可能不止一个通道。但是，本习题只处理一个通道就足够了。

进行数据滤波之后，最好将数据规范化为 1，这会使滤波后的声音信号更响。

在 MATLAB 中可以使用以下命令播放音频数据：

```
sound(y_filtered(:,1), SampleRate);
```

或者，使用以下命令将其保存到 wave 音频文件中：

```
audiowrite('voice_record_filtered.wav', y_filtered,
    SampleRate, ...
    'BitsPerSample', NbitsPerSample);
```

参 考 文 献

[1] University of South Florida. Holistic numerical methods. http://mathforcollege.com/nm/. Accessed: 2016-11-09.

[2] National Institute of Standards and Technology. A statistical test suite for the validation of random number generators and pseudo random number generators for cryptographic applications, 2010. http://csrc.nist.gov/groups/ST/toolkit/rng/documentation_software.html. Accessed: 2016-10-09.

[3] R. Bellman. Dynamic programming treatment of the travelling salesman problem. *Journal of the ACM*, 9(1):61–63, 1962.

[4] P. R. Bevington. *Data Reduction and Error Analysis for the Physical Sciences*. New York, McGraw-Hill, 1969.

[5] C. Darwin. *On the Origin of Species by Means of Natural Selection, or the Preservation of Favoured Races in the Struggle for Life*, 1st edn. London, John Murray, 1859.

[6] V. Granville, M. Krivanek, and J. P. Rasson. Simulated annealing: A proof of convergence. *IEEE Transactions on Pattern Analysis and Machine Intelligence*, 16(6):652–656, 1994.

[7] D. E. Knuth. *The Art of Computer Programming, Volume 4 A: Combinatorial Algorithms, Part 1*, 3rd edn. Boston, Addison-Wesley Professional, 2011.

[8] N. Metropolis, A. W. Rosenbluth, M. N. Rosenbluth, A. H. Teller, and E. Teller. Equation of state calculations by fast computing machines. *Journal of Physical Chemistry,*, 21:1087–1092, 1953.

[9] W. H. Press, S. A. Teukolsky, W. T. Vetterling, and B. P. Flannery. *Numerical Recipes 3rd Edition: The Art of Scientific Computing*, 3rd edn. New York, Cambridge University Press, 2007.

[10] C. Ridders. A new algorithm for computing a single root of a real continuous function. IEEE Transactions on *Circuits and Systems*, 26(11):979–980, 1979.

推荐阅读

算法导论（原书第3版）

作者：Thomas H.Cormen, Charles E.Leiserson, Ronald L.Rivest, Clifford Stein
译者：殷建平 徐云 王刚 等 ISBN：978-7-111-40701-0 定价：128.00元

MIT四大名师联手铸就，影响全球千万程序员的"算法圣经"！国内外千余所高校采用！

《算法导论》全书选材经典、内容丰富、结构合理、逻辑清晰，对本科生的数据结构课程和研究生的算法课程都是非常实用的教材，在IT专业人员的职业生涯中，本书也是一本案头必备的参考书或工程实践手册。

本书是算法领域的一部经典著作，书中系统、全面地介绍了现代算法：从最快算法和数据结构到用于看似难以解决问题的多项式时间算法；从图论中的经典算法到用于字符串匹配、计算几何学和数论的特殊算法。本书第3版尤其增加了两章专门讨论van Emde Boas树（最有用的数据结构之一）和多线程算法（日益重要的一个主题）。

—— Daniel Spielman，耶鲁大学计算机科学系教授

作为一个在算法领域有着近30年教育和研究经验的教育者和研究人员，我可以清楚明白地说这本书是我所见到的该领域最好的教材。它对算法给出了清晰透彻、百科全书式的阐述。我们将继续使用这本书的新版作为研究生和本科生的教材及参考书。

—— Gabriel Robins，弗吉尼亚大学计算机科学系教授

算法基础：打开算法之门

作者：Thomas H. Cormen 译者：王宏志 ISBN：978-7-111-52076-4 定价：59.00元

《算法导论》第一作者托马斯 H. 科尔曼面向大众读者的算法著作；理解计算机科学中关键算法的简明读本，帮助您开启算法之门。

算法是计算机科学的核心。这是唯一一本力图针对大众读者的算法书籍。它使一个抽象的主题变得简洁易懂，而没有过多拘泥于细节。本书具有深远的影响，还没有人能够比托马斯 H. 科尔曼更能胜任缩小算法专家和公众的差距这一工作。

—— Frank Dehne，卡尔顿大学计算机科学系教授

托马斯 H. 科尔曼写了一部关于基本算法的引人入胜的、简洁易读的调查报告。有一定计算机编程基础并富有进取精神的读者将会洞察到隐含在高效计算之下的关键的算法技术。

—— Phil Klein，布朗大学计算机科学系教授

托马斯 H. 科尔曼帮助读者广泛理解计算机科学中的关键算法。对于计算机科学专业的学生和从业者，本书对每个计算机科学家必须理解的关键算法都进行了很好的回顾。对于非专业人士，它确实打开了每天所使用的工具的核心——算法世界的大门。

—— G. Ayorkor Korsah，阿什西大学计算机科学系助理教授